Inhalt

Ponys in Exmoor: Die ursprünglichste Pferderasse, die überlebt hat. So wie sie, streiften die Vorfahren unserer Hauspferde durch die Steppen, Sümpfe und Wälder.

FOTO: ERNST

S. 11

Der Kopf des Pferdes erzählt uns viele Geschichten über seine Herkunft, seine Ahnen und ihre Lebensweise.

FOTO: TOFFI

S. 38

Ein Dressurpferd muss „was hermachen", um das große Viereck auszufüllen, darin sind sich die Experten ziemlich einig. Der Trakehner Münchhausen lässt in diesem Punkt wenig Wünsche offen.

FOTO: SCHREINER

S. 44

Ein Profi, wie er im Buche steht, das war Ratina Z von Ludger Beerbaum. Lesen Sie, wie man ein gutes Springpferd erkennt, schon bevor es den Großen Preis von Aachen gewonnen hat.

FOTO: FRIELER

Pferdebeurteilung

S. 58

Das Galopprennpferd muss den Körper eines vierbeinigen Leichtathleten haben, um der Konkurrenz davon zu laufen. Bei dem Ausnahmegalopper Surum ist dies selbst in rundlicher Gestütskondition noch zu erkennen.

FOTO: RÜHL

Unsere Autoren

An diesem Special haben mitgewirkt:
Nele Maya Fahnenbruck, Gabriele Mohrmann-Pochhammer, Christiane Weil

Große Hufe und eine Nase, mit der man Schnee pflügen kann – das sind Attribute, die die Arbeitspferde von ihren Vorfahren geerbt haben. Gewichtige Burschen, die ihren Job verstehen.

S. 68

FOTO: SCHWÖBEL

Der Blick fürs Ganze

Ein Auge für Gleichgewicht und Harmonie der Formen ist eine gute Voraussetzung, um ein Pferd zu beurteilen. Alles andere kann man lernen: Welche Merkmale für welchen Verwendungszweck wichtig sind, welche Fehler man verzeihen kann und welche nicht.

Viel Erfahrung ist nötig, um ein Pferd an der Hand zu beurteilen. Aufschluss geben aber erst die Bewegungen und das Gefühl unter dem Sattel.

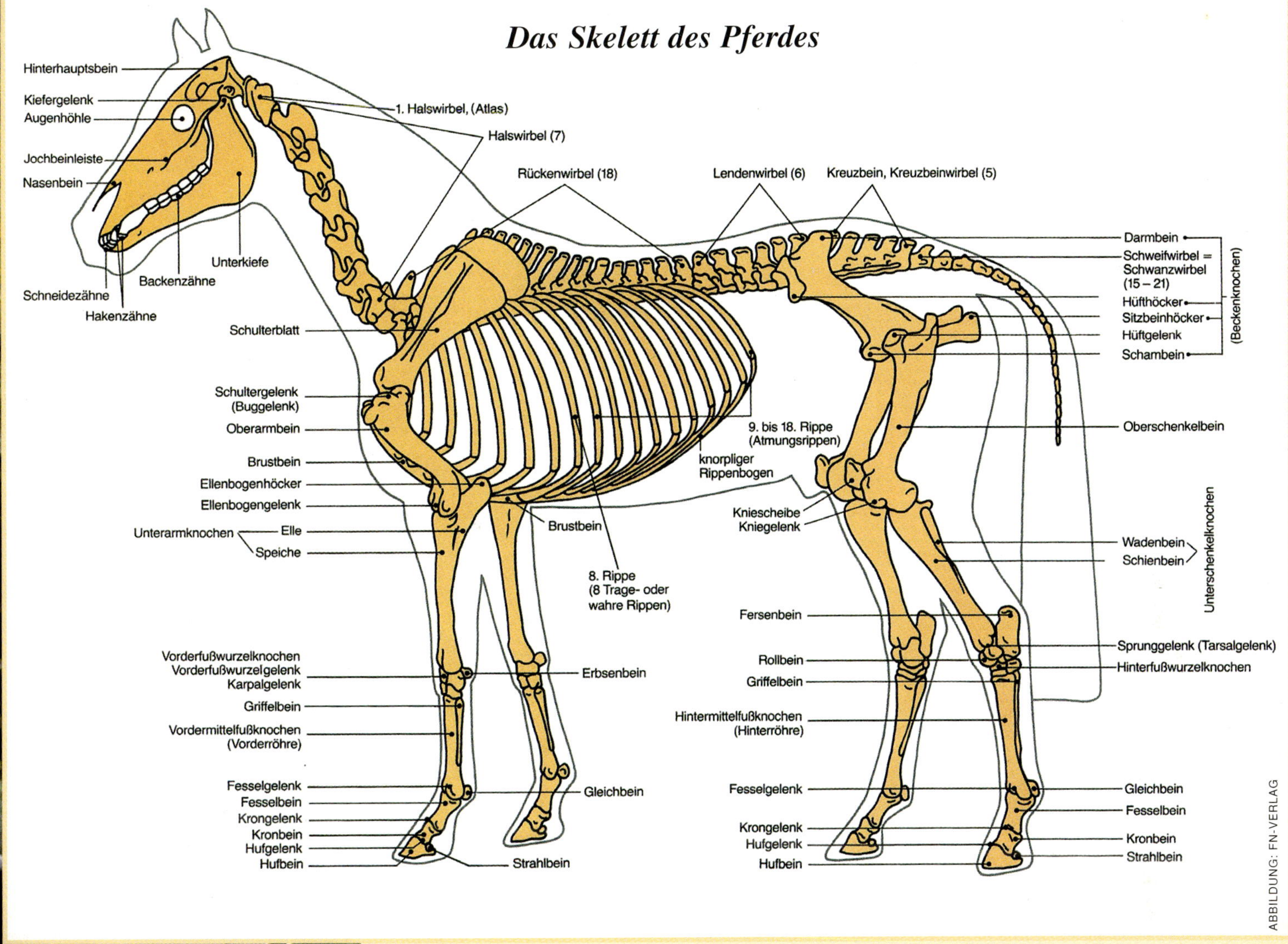

Das Skelett des Pferdes

Labels (left side, head/front):

- Hinterhauptbein
- Kiefergelenk
- Augenhöhle
- Jochbeinleiste
- Nasenbein
- Schneidezähne
- Hakenzähne
- Backenzähne
- Unterkiefe
- Schulterblatt
- Schultergelenk (Buggelenk)
- Oberarmbein
- Brustbein
- Ellenbogenhöcker
- Ellenbogengelenk
- Unterarmknochen — Elle
- Speiche
- Vorderfußwurzelknochen
- Vorderfußwurzelknochen Karpalgelenk
- Griffelbein
- Vordermittelfußknochen (Vorderröhre)
- Fesselgelenk
- Fesselbein
- Krongelenk
- Kronbein
- Hufgelenk
- Hufbein

Top labels (spine):

- 1. Halswirbel, (Atlas)
- Halswirbel (7)
- Rückenwirbel (18)
- Lendenwirbel (6)
- Kreuzbein, Kreuzbeinwirbel (5)

Center labels:

- 9. bis 18. Rippe (Atmungsrippen)
- knorpliger Rippenbogen
- Brustbein
- 8. Rippe (8 Trage- oder wahre Rippen)
- Erbsenbein
- Gleichbein
- Strahlbein

Right side labels (hindquarters):

- Darmbein
- Schweifwirbel = Schwanzwirbel (15–21)
- Hüfthöcker
- Sitzbeinhöcker
- Hüftgelenk
- Schambein
- (Beckenknochen)
- Oberschenkelbein
- Kniescheibe
- Kniegelenk
- Wadenbein
- Schienbein
- (Unterschenkelknochen)
- Fersenbein
- Rollbein
- Griffelbein
- Hintermittelfußknochen (Hinterröhre)
- Sprunggelenk (Tarsalgelenk)
- Hinterfußwurzelknochen
- Fesselgelenk
- Gleichbein
- Fesselbein
- Krongelenk
- Kronbein
- Hufgelenk
- Strahlbein
- Hufbein

ABBILDUNG: FN-VERLAG

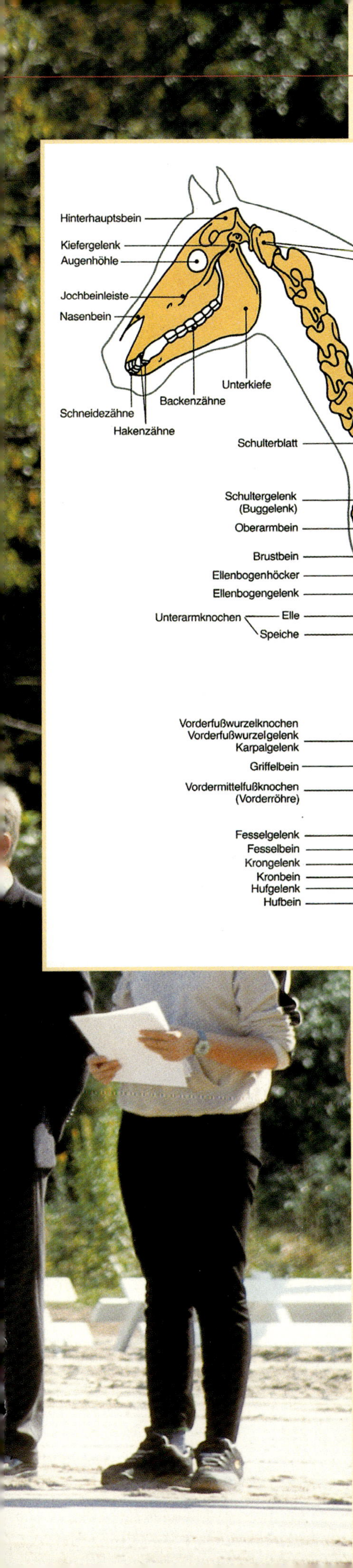

FOTO: SCHMELZER

Ein Pferd zu beurteilen kann man lernen – bis zu einem gewissen Grad. Es gibt geborene Pferdeleute, die mit untrüglichem Gespür die Qualität des vor ihnen stehenden oder laufenden Pferdes erahnen, Schwachpunkte erkennen und einordnen können. Und es gibt andere, die werden es nie lernen, das Wesentliche eines Pferdes zu erkennen, die sich an Äußerlichkeiten aufhängen und dabei das Pferd als Ganzes aus den Augen verlieren.

Mit dem Talent zum Reiten hat das übrigens nichts zu tun. Es gibt genügend berühmte Reiter, denen man nachsagt, dass sie kein Auge für Pferde haben und die deswegen darauf angewiesen sind, dass jemand anderes für sie die richtigen Pferde findet. Und es gibt andere, die vielleicht nie Olympiamedaillen gewinnen, die aber immer wieder außergewöhnliche Pferde entdecken und in den Sport bringen.

Bei den meisten Pferdefreunden liegt die Wirklichkeit in der Mitte. Das Wissen um die Konstruktion des Pferdekörpers und seine Funktionen bei den verschiedenen Verwendungszwecken kann man erwerben. Erfahrung hilft weiter: Je mehr Pferde man sieht, desto sicherer wird das Urteil. Relativ leicht ist es, grobe Fehler zu erkennen. Damit ist man aber noch lange kein Pferdekenner, sondern nur der berüchtigte Fehlergucker. Jeder Esel kann sehen, ob ein Pferd gerade auf den Beinen steht oder verstellt ist, aber nicht jeder kann diesen oder andere Fehler einordnen und beurteilen: Ob sie die Leistung und Haltbarkeit beeinträchtigen, oder ob ein Fehler durch andere, besonders gute Partien wieder aus-

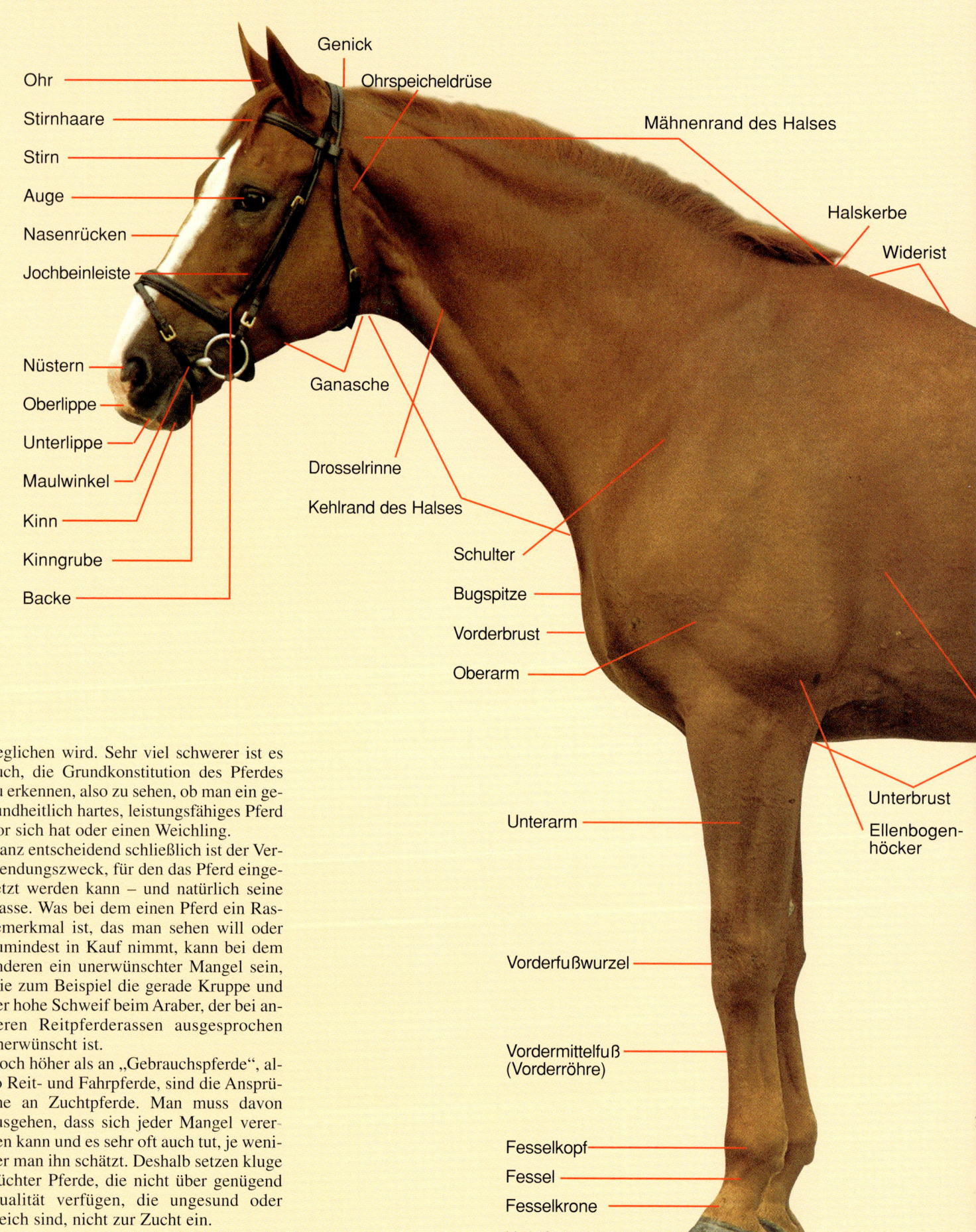

Ohr

Stirnhaare

Stirn

Auge

Nasenrücken

Jochbeinleiste

Nüstern

Oberlippe

Unterlippe

Maulwinkel

Kinn

Kinngrube

Backe

Genick

Ohrspeicheldrüse

Mähnenrand des Halses

Halskerbe

Widerist

Ganasche

Drosselrinne

Kehlrand des Halses

Schulter

Bugspitze

Vorderbrust

Oberarm

Unterbrust

Ellenbogen-
höcker

Unterarm

Vorderfußwurzel

Vordermittelfuß
(Vorderröhre)

Fesselkopf

Fessel

Fesselkrone

Huf (Seitenwand)

geglichen wird. Sehr viel schwerer ist es auch, die Grundkonstitution des Pferdes zu erkennen, also zu sehen, ob man ein gesundheitlich hartes, leistungsfähiges Pferd vor sich hat oder einen Weichling.

Ganz entscheidend schließlich ist der Verwendungszweck, für den das Pferd eingesetzt werden kann – und natürlich seine Rasse. Was bei dem einen Pferd ein Rassemerkmal ist, das man sehen will oder zumindest in Kauf nimmt, kann bei dem anderen ein unerwünschter Mangel sein, wie zum Beispiel die gerade Kruppe und der hohe Schweif beim Araber, der bei anderen Reitpferderassen ausgesprochen unerwünscht ist.

Noch höher als an „Gebrauchspferde", also Reit- und Fahrpferde, sind die Ansprüche an Zuchtpferde. Man muss davon ausgehen, dass sich jeder Mangel vererben kann und es sehr oft auch tut, je weniger man ihn schätzt. Deshalb setzen kluge Züchter Pferde, die nicht über genügend Qualität verfügen, die ungesund oder weich sind, nicht zur Zucht ein.

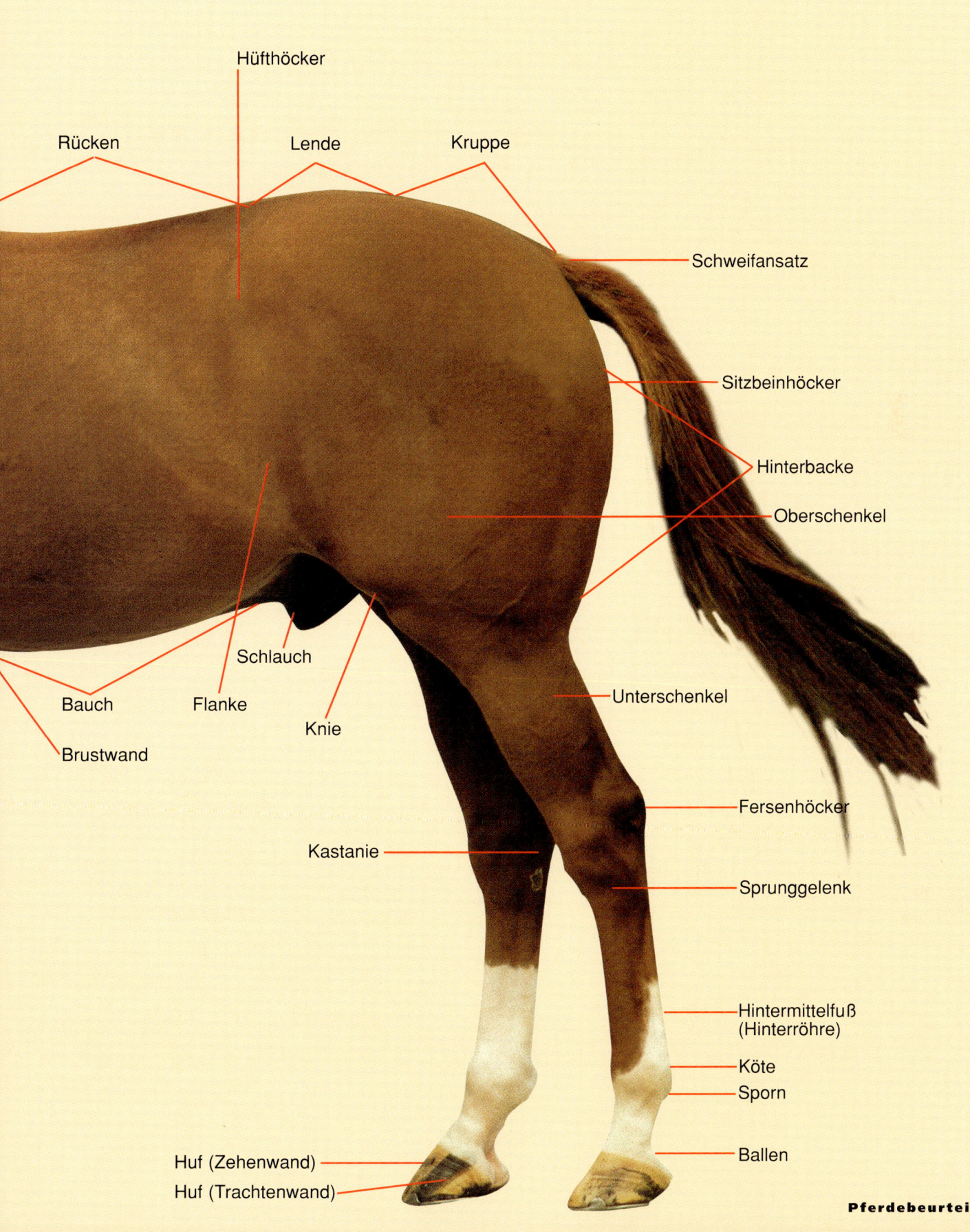

Hüfthöcker

Rücken

Lende

Kruppe

Schweifansatz

Sitzbeinhöcker

Hinterbacke

Oberschenkel

Schlauch

Bauch

Flanke

Knie

Brustwand

Unterschenkel

Kastanie

Fersenhöcker

Sprunggelenk

Hintermittelfuß
(Hinterröhre)

Köte

Sporn

Huf (Zehenwand)

Ballen

Huf (Trachtenwand)

Es war einmal.

Das Pferd ist, was es aß – auf diesen zugegeben etwas simplen Nenner lassen sich viele Körpermerkmale unserer Pferde bringen, die sich über Jahrmillionen entwickelt haben – je nachdem, wo die Urahnen unserer Pferde lebten und wie sie sich ernährten.

Das Exmoor Pony verkörpert den Typ des Urponys am reinsten.

FOTO: ERNST

Alle heutigen Pferde sind das Produkt einer Jahrmillionen dauernden Evolution, in die erst in den letzten 5000 Jahren der Mensch durch züchterische Selektion eingegriffen hat. Über die Urahnen unserer Pferde streiten sich Wissenschaftler seit Jahrzehnten. Hieß es lange Zeit, die heutigen Pferde hätten alle mehr oder weniger einen gemeinsamen Urahnen, nämlich das Przewalski-Pferd, hat sich in den letzten Jahren die Theorie von den vier Urtypen durchgesetzt, die in verschiedenen Regionen der Erde entstanden und sich heute mehr oder weniger ausgeprägt, oft auch vermischt, in unseren Pferden wiederfinden.

Typ I
Nordpferd: Urpony

Es gilt als die am weitesten verbreitete Urform. Michael Schäfer nennt es in seinem „Handbuch der Pferdebeurteilung" das „Warmblütige Universalpony". Es war in West- und Mitteleuropa, aber auch in Klein-, Zentral- und Ostasien sowie in Nordamerika verbreitet. Am reinsten hat es sich im englischen Exmoor Pony erhalten.
Merkmale: Kompakter, athletischer Körperbau mit üppiger Bemuskelung; kurze, kräftige Röhrbeine; breite, ausgeprägte Sprung- und Vorderfußwurzelgelenke; relativ langer Rücken, tonniger Rumpf. Wenig ausgeprägter Widerrist, runde Kruppe, hoch aufgesetzter Hals, widerstandsfähige Hufe. Die Atmungsorgane sind auf feuchtes Klima eingestellt. Der untere Teil des Kopfes ist stark ausgeprägt, kurze Maulspalte, kräftige lange Zähne, breite Stirn, kleine, innen und außen dicht behaarte Ohren, buschige Mähne. Kurzer, nicht sehr raumgreifender Gang, agil und beweglich.

Typ II
Nordpferd: Urkaltblüter

Er gilt als Vorläufer der heutigen Kaltblutrassen. Nach seinem Hauptlebensraum (Sumpfgebiete Nordasiens und Nordeuropas, Nordrand der Alpen) auch Tundrenpferd genannt. Wie bei anderen Säugetierarten auch, entwickelte sich in kalten Regionen ein besonders großes Pferd, Wissenschaftler sprechen von 1,80 Meter Stockmaß messenden Exemplaren. Auf diese Weise ist die Körperoberfläche im Verhältnis zum Körpergewicht kleiner und gibt weniger Wärme ab.
Merkmale: Grobes, dichtes Haar, besonders als Winterfell, Barthaare, Kötenbehang; noch längere Zähne als Typ I, um über Jahre hinweg unbeschadet hartes, teils gefrorenes Futter aufnehmen zu können.
„Schneepflugnase", also hochaufgewölbte Ramsnase mit genügend Raum zum Vorwärmen der Atemluft, schmale, weit unten sitzende Nüstern, mit denen der Schnee weggeschoben werden konnte, ohne dass er in die Nase eindrang. Im Sommer erlaubten die verschließbaren Nüstern sogar, Gräser unter Wasser zu fressen. Breite Hufe, die sich für die Fortbewegung im Morast eignen. Steil abfallende („abgeschlagene"), oft auch gespaltene Kruppe; kurze, stampfende Gänge, stark gewinkeltes Hinterbein. Hauptgangart Schritt, ruhiges, vorsichtiges Temperament.

Die runde Nase, das grobe Langhaar, oft auch ein ausgeprägter Bart kennzeichnen den Nachfahren des Urkaltblüters.

Das Przewalski-Pferd galt lange als alleiniger Urahn unserer Pferde, aber Wissenschaftler haben inzwischen andere Theorien entwickelt, wie die von den vier Urtypen, auf die unsere Pferde zurückgehen.

Dieser Kaltbluthengst kann seine Abstammung vom Nordpferd nicht verleugnen: deutlich die „Schneepflugnase", die langen Behänge, die großen Hufe und die „abgeschlagene", bemuskelte Kruppe.

Typ III:
Südpferde: Das Steppenpferd

Hauptlebensraum der Ahnen unserer heutigen Warmblüter waren die südlichen Zonen der Alten Welt und Nordwestafrika. Schnelles, ausdauerndes Lauftier. Schlanker sehniger Körperbau ohne ausladende Muskulatur, hochbeinig, langer, weit in den Rücken reichender Widerrist, lange Röhrbeine, daraus folgend oft eine hohe Aktion. Tiefer Brustkorb ohne große Rippenwölbung, lange Linie, tiefausgeschnittener Kehlgang (Ganaschenfreiheit).
Langer schmaler Kopf, oft Ramskopf, lange oft auch breite Ohren, lange schmale Nüstern, breite Zähne, langer, biegsamer Hals. Rechteckformat. Schwache, manchmal ausdruckslose Sprung- und Vorderfußwurzelgelenke. Anspruchsvoller im Futter als die Nordpferde. Selbständiger Charakter, weil nicht in einem so fest gefügtem Herdenverband lebend wie die Nordpferde.

Der Achal Tekkiner kann seine Abkunft vom Steppenpferd nicht verleugnen. Der sehnige Körper, der kein unnötiges Fett mitschleppt, ist auf lange Laufstrecken eingerichtet.

FOTO: LENZ

Arabische Pferde werden auf die gemeinsamen Ahnen, die Ur-Araber, zurückgeführt. Sie ernährten sich von Laub und weichen Gräsern.

FOTO: VAN LENT

Typ IV:
Südpferde: Der Ur-Araber

Lebte in feuchten, vegetationsreichen und bergigen Landstrichen Eurasiens und musste sich nicht an rauhe Umweltbedingungen wie Typ I bis III anpassen. Auf diese Weise blieb der grazile Körperbau erhalten.
Merkmale: Große, tiefsitzende Augen, zierlicher Kiefer, bedeutend kürzere Zähne als Typ I bis III, geeignet, um weiche Gräser und Laub zu fressen. Dadurch wirkt der Kopf („Hechtkopf") besonders edel und fein. Überdurchschnittlich lange und bewegliche Oberlippe. Relativ großes Gehirn. Graziöser Körperbau, Beweglichkeit, hoher Schweifansatz, gerade Kruppe, Quadratformat. Leichte, runde Röhrbeine, feste Hufe mit hohen Trachten.

Die meisten Warmblüter sind eine Mischung aus den vier Urtypen. Kleine Ohren und ein breites Maul sind ein Erbteil des Urponys, lange Linien und eine gewisse Sportlichkeit verraten das Steppenpferd. Meist findet sich auch noch ein Schuss arabisches Blut und ganz rückwärts im Pedigree auch der eine oder andere Kaltblüter.

FOTO: RÜHL

Der Kopf

Ob wir ein Pferd als schön oder weniger schön empfinden, hängt sehr oft von der Form des Kopfes ab. Wer das „hübsche Köpfchen" lobt, outet sich schnell als Nichtkenner, Fachleute reden lieber von „Ausdruck" und „Typ". Fest steht: Der Kopf sagt viel aus über Herkunft, Rasse und Geschlecht des Pferdes.

Der Kopf des Pferdes spielt, genau genommen, für seine Leistung keine Rolle. Dennoch sagt er viel aus über das Wesen des Pferdes, sein Geschlecht, sein Temperament und seinen Charakter – über seine Herkunft und seine Ahnen. Denn die entwicklungsgeschichtlichen Urtypen unserer Pferde haben je nach den Bedingungen, unter denen sie lebten, typische Kopfformen entwickelt, die rein, abgewandelt oder vermischt bis heute in unseren Pferden noch zu erkennen sind.

Ob ein Pferdegesicht „edel" ist oder „unedel", ist im Grunde genommen eine willkürliche Definition des Menschen. Ein großes, dunkles Auge, große Nüstern und eine konkave, leicht nach innen gebogene Nasenlinie gelten als besonders edel, orientiert am typischen Kopf des Arabers. Sie bedienen aber auch das „Kindchenschema", auf das wir „Säugetiere" alle fixiert sind und weswegen sich Babys, Welpen und Fohlen unserer Sympathie und damit unserer Bereitschaft, sich um sie zu kümmern und sie zu schützen, sicher sein können. Eine überaus kluge Einrichtung der Natur, aber nicht immer die richtige Methode, sich einem Pferd zu nähern. Eine konvexe, also nach außen gebogene Nasenlinie, wie sie manchen Rassen zu eigen ist, ist deswegen nicht weniger „edel", deutet lediglich auf eine andere Herkunft des Pferdes hin.

Der Kopf sollte deutlich die Rasse des Pferdes erkennen lassen. Zuchtfachleute legen auch großes Gewicht auf den deutlichen Geschlechtsausdruck: der weibliche Ausdruck im Stutengesicht, der männliche in der Miene des Hengstes. Und wussten Sie, dass die meisten Menschen, nach dem schönsten Tier der Herde gefragt, sich das Pferd aussuchen würden, das die meisten Ponymerkmale aufweist?

Der Dressurheros Donnerhall, der eine ganze Pferdedynastie gründete, kann es nicht verleugnen: Hier schaut ein Mann in die Kamera. Deutlicher Geschlechtsausdruck ist ein wichtiges züchterisches Merkmal.

FOTO: EYLERS

FOTO: BILD-REPORT

Keine Frage, hier blickt uns eine Stute an. Der Hals ist leichter, der Blick irgendwie sanfter – wie Frauen eben so sind.

FOTO: ERNST

Nicht weniger edel, aber anders als der Araber ist der Kopf des Kladrubers, einer uralten Kutschpferderasse.

Eine Folge der Ernährung ist die Entwicklung des typischen, als besonders schön empfundenen Araberkopfes.

FOTO: KUCZKA

Die Vorhand

Die Vorhand ist der Teil des Pferdes, den der Reiter „vor der Hand" hat: Kopf, Hals, Widerrist und Schulter. Je mehr der Reiter „vor sich" hat, umso besser ist das Sitzgefühl.

So wünscht man sich die Vorhand: ausdrucksvoller Kopf, schön geschwungener Hals, schräge Schulter, ausgeprägter Widerrist.

FOTO: SCHREINER

Mit der Vorhand wird der Teil des Pferdes bezeichnet, der vor der Reiterhand liegt, also Kopf, Hals und Schulter. Wie bereits gesagt, ist die – ja ohnehin subjektive – Schönheit des Pferdekopfes für den Gebrauch des Pferdes ohne Bedeutung. Insgesamt soll der Kopf zum Gesamtbild und der Größe des Pferdes, zu seiner Rasse und seinem Geschlecht passen.

Leichtes Genick

Wichtig sind Merkmale des Kopfes, die die Eigenschaft als Reitpferd beeinflussen. Dazu gehören vor allem freie Ganaschen, ein leichter, beweglicher Halsansatz, damit dem Pferd bei der Beizäumung, wenn es „durchs Genick" bzw. „an den Zügel" treten

soll, nichts im Wege sitzt. Pferde mit dickem Genick, bei denen die Ganaschen als dicke Wülste hervortreten, und sehr ausgeprägten Backenknochen haben oft große Schwierigkeiten, sich beizuzäumen. Achtung bei Schimmeln: Vor allem ältere Pferde haben ausgerechnet an dieser Stelle gelegentlich Melanome, meist gutartige, zuweilen aber auch bösartige Tumore, die die Beizäumung erschweren oder verhindern. Solche Pferde sind für den Reitsport nur noch eingeschränkt zu verwenden.

Der Hals soll beim Reitpferd breit angesetzt aus der Schulter wachsen und sich in elegantem Bogen zum Genick hin verjüngen. Die obere Halslinie ist konvex gebogen, die untere Linie parallel dazu oder gerade. Die Muskeln am oberen Halsrand sollen deutlich ausgeprägt sein. Starke Unterhalsmus-

kulatur ist bei Sportpferden unerwünscht. Aber auch hier gibt es Ausnahmen: Viele Lipizzaner, also Vertreter der Rasse, die für die klassische Reitkunst der Wiener Hofreitschule stehen, haben einen deutlichen Unterhals und treten trotzdem durchlässig an die Reiterhand heran. Hengste haben von Natur aus einen wesentlich kräftigeren Hals als Stuten. Ein Hengsthals bei Stuten ist unerwünscht, sogar ein Mangel. Ein „Speckhals", gepolstert mit reichlichen Fettablagerungen auf dem Mähnenkamm, sowie auch noch Muskelpaketen rechts und links der Halswirbel, ist für die Dressurarbeit ungünstig. Viele Ponys und auch schwere Pferde haben einen solchen Hals, sie sollte man nicht mit zu viel Dressurambitionen belästigen. Beim Ausreiten im Gelände stört ein dicker Hals überhaupt nicht.

Der Hals: die Balancierstange

Der Hals lässt sich durch die Arbeit noch wesentlich verbessern, allerdings nur, wenn er richtig angesetzt ist. Das heißt, er darf nicht zu tief angesetzt sein. Pferde mit tief angesetztem Hals bekommen in der Dressurarbeit Schwierigkeiten, sich zu tragen, sich aufzurichten und ihr Gewicht auf die Hinterhand zu verlegen. Auch ist es nicht das angenehmste Reitgefühl auf einem Pferd, das von Natur aus „vorderlastig" ist. Dennoch sind solche Pferde oft praktische Gebrauchs- und Freizeitpferde und geeignet, große Lasten zu tragen.

Auf den ersten Blick sehr elegant, aber beim Reiten eher schwierig ist der überlange, schön geschwungene „Schwanenhals". Solche Pferde können sich der Einwirkung der Reiterhand ganz einfach entziehen, indem sie den Hals biegen und sich hinter dem Gebiss „verkriechen". Der Reiter hat dann gar keine Verbindung mehr zum Pferdemaul und damit auch keine Einwirkung. Im Extremfall „beißt sich das Pferd in die Brust", eine besonders unangenehme und schwer zu korrigierende Eigenschaft, gleichgültig, ob man draußen galoppiert oder versucht, in der Halle Dressurlektionen zu reiten.

Der Widerrist: der Aufhänger

Der Widerrist ist ausschlaggebend – nicht nur für die Bewegungsmechanik des Pferdes, sondern auch für das Sitzgefühl des Reiters. Er soll ausgeprägt und deutlich zu erkennen sein und weit in den Rücken hineinreichen. An ihm setzen die Rücken- und Schultermuskeln an, die wiederum für die Aktion der Vorhand verantwortlich sind. Ein ausgepräger Widerrist bringt den Sattel quasi von allein in die richtige Lage.

Er soll deutlich höher sein als die Kruppe, andernfalls ist das Pferd überbaut – eine Eigenschaft, die für die Dressur nicht günstig ist. Ist der Widerrist bei überbauten Pferden auch noch in Fett und Muskelmasse eingepackt, rutscht der Sattel ständig nach vorne auf die Schulter und die Vorderbeine

siert schnell, wenn man nicht aufpasst und kann die Arbeit für Wochen unterbrechen. Bei Verfassungsprüfungen in Vielseitigkeitswettbewerben sieht man häufig weiße Flecken am Widerrist und in der Sattellage, die auf alte Druckverletzungen hinweisen.

Schulter: lang und schräg

Die Schulter spielt eine große Rolle für die Aktion der Vorhand. Sie soll lang und breit sein, und möglichst schräg gelagert. Dann ermöglicht sie schwingende, weit ausholende Bewegungen der Vorderbeine. Eine kurze, steile Schulter hat oft kurze, steife Bewegungen zur Folge, das Pferd hat dann

Ungünstig fürs dressurmäßige Reiten ist ein dicker Hals mit ausgeprägter Unterhalsmuskulatur.

FOTO: KUCZKA

Darauf kommt es an:

- Leichtes Genick
- Breit angesetzter, schön geschwungener Hals
- Schräge Schulter
- Ausgeprägter, langer Widerrist
- Ellbogenfreiheit

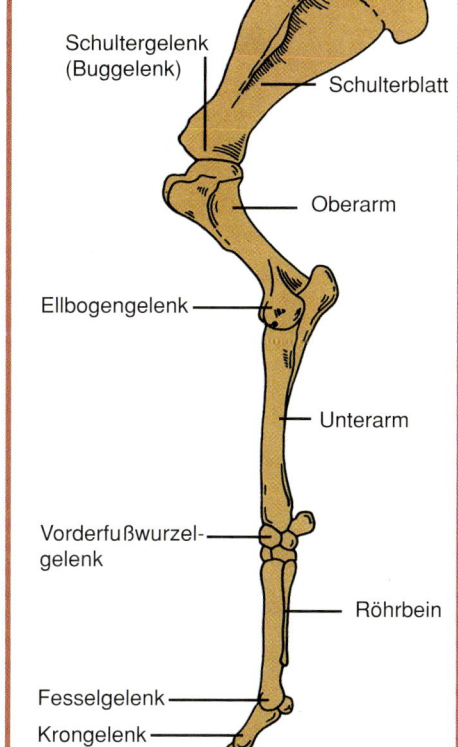

Skelett der Vordergliedmaße

- Schultergelenk (Buggelenk)
- Schulterblatt
- Oberarm
- Ellbogengelenk
- Unterarm
- Vorderfußwurzelgelenk
- Röhrbein
- Fesselgelenk
- Krongelenk
- Hufgelenk

werden noch stärker belastet als ohnehin schon. Dagegen hilft nur ein Vorgurt oder ein Schweifriemen sowie ständiges Nachsatteln während des Reitens. Alles lästig und nicht ideal.

Einen scharf ausgeprägten Widerrist findet man häufig bei voll austrainierten Blutpferden, zum Beispiel im Vielseitigkeitssport. Er wird einerseits aus den oben genannten Gründen gewünscht, birgt aber die Gefahr des Satteldrucks. Solche Pferde müssen oft mit einem speziell angefertigten Sattel geritten werden, andernfalls scheuert der Vorderzwiesel des Sattels den nur dünn mit Haut bedeckten Widerrist auf. Das pas-

wenig Trab. Auch sitzt man schlecht auf einem Pferd, bei dem der Sattel auf der kurzen, steilen Schulter ständig nach vorne rutscht und die Sattellage wie zuvor beschrieben ständig korrigiert werden muss.

Der Oberarm, der beim Pferd noch im Rumpf sitzt (siehe Zeichnung links), soll mit der Schulter etwa im rechten Winkel verbunden sein. Die Ellbogenhöcker sollen so weit von den Rippen abstehen, dass bequem eine Faust in die Lücke passt. Pferden mit „angeklatschtem Ellbogen" sagt man einen steifen, wenig ausgreifenden Gang nach.

Die Mittelhand:
Das Zentrum

Die Mittelhand, der Rumpf des Pferdes, ist die Brücke zwischen Vor- und Hinterhand. Besonders der Rücken entscheidet über Sitzkomfort und Leistungsfähigkeit des Pferdes.

Der Pferderücken ist nicht nur optisch die Zentrale des Pferdekörpers. Hier sitzt der Reiter, und nur ein gesunder, richtig konstruierter Rücken kann seine Aufgabe erfüllen: Die geforderte Leistung gleich welcher Art erbringen und dabei noch eine mehr oder weniger schwere Last mit sich herumschleppen, ohne Schaden zu nehmen. Viele Lahmheiten und andere Probleme, wie unerklärliche Widersetzlichkeiten, Stolpern, Buckeln, Maul- und Genickschwierigkeiten, haben ihre Ursache im Rücken des Pferdes, der entweder von vorn-

Ein schöner Rücken kann auch bei Pferden entzücken, hier der hannoversche Landbeschäler Londonderry v. Lauries Crusador xx.

herein für seine Aufgabe nicht entsprechend gebaut ist oder durch falsche oder übermäßige Belastung Schaden genommen hat an der Wirbelsäule und an den sie umgebenden Muskeln und Bändern.

Es war lange Zeit sehr schwierig für den Tierarzt, Rückenprobleme zu erkennen und Erfolg versprechend zu behandeln. Aber gerade in der Diagnose und in der Behandlung von Rückenproblemen haben sowohl die Schulmedizin als auch die Altenative Medizin in den letzten Jahren gewaltige Fortschritte gemacht.

Am günstigsten für die meisten Verwendungszwecke ist ein mittellanger, leicht geschwungener Rücken. Pferde mit kurzem Rücken nennt man Quadratpferde, ihr Rücken ist schwer zum Schwingen zu bringen und ist deswegen oft unbequem auszusitzen, andererseits aber kräftig und tragfähig. Oft sind die Bewegungen bei solchen Pferden wenig schwingend, sondern kurz. Sie treten sich auch leicht mit den Hinterhufen an die Vorderbeine, was zu Verletzungen (Ballentritt oder schlimmer) führen kann. Pferde mit einem solch strammen Rücken können oft gewaltig buckeln, haben viel Kraft, was ihnen beim Springen zugute kommen kann.

Das andere Extrem ist der weiche, lange Rücken. Er ist für den Reiter zunächst einmal bequemer zu sitzen. Er wird im Trabe wie in einer Wiege geschaukelt, solange sich das Pferd nicht verkrampft, weil ihm der Rücken weh tut. Allerdings neigen solche weichen Rücken eher zu Verschleißerscheinungen und können sich im Alter zum so genannten Senkrücken entwickeln. Der findet sich auch bei Stuten nach mehreren Trächtigkeiten. Dass sich solche Pferde nicht gerne dressurmäßig versammeln lassen, wobei sie ja die Hinterhand senken müssten, liegt auf der Hand. Sie werden am liebsten nur von leichten Reitern geritten.

Berufskrankheit Kissing Spines

Auch ein idealer Rücken kann durch unsachgemäßes Training Schaden nehmen. Es ist inzwischen erwiesen, dass ständig zu tiefes Einstellen von Kopf und Hals die Wirbelsäule ebenso schädigt, wie Pferde, die ständig mit nach oben durchgedrückten Rücken und Hals verhältnismäßig schwere Reiterlast tragen müssen. Die am meisten gefürchteten Schäden sind die so genannten „Kissing Spines", bei denen die Dornfortsätze oben zusammenstoßen und aneinander reiben.

FOTO: ERNS

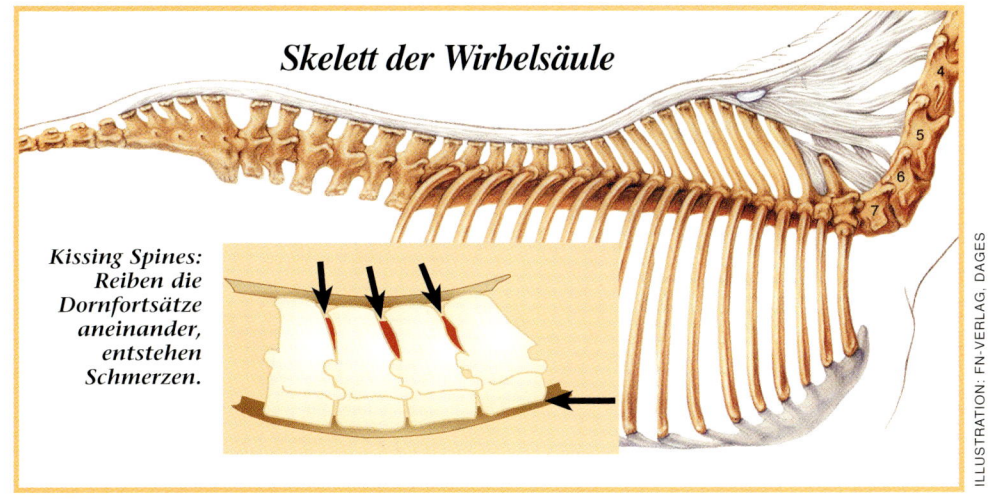

Skelett der Wirbelsäule

4

5

6

7

Kissing Spines: Reiben die Dornfortsätze aneinander, entstehen Schmerzen.

ILLUSTRATION: FN-VERLAG, DAGES

Darauf kommt es an:

- Ein kurzer Rücken ist sehr tragfähig
- Ein langer Rücken schwingt besser
- Ideal ist die goldene Mitte
- Eine aufgebogene Niere (Karpfenrücken) ist unerwünscht
- Ein ausgeprägter Bauch beeinträchtigt die Sattellage
- Zwischen den Vorderbeinen sollte ein Zylinder Platz haben

Diese sehr schmerzhafte Deformation ist nur durch eine Operation zu beheben.

Dem Rücken schließt sich die Lende an, die gut bemuskelt und nicht „platt" sein soll. Das Gegenteil ist der so genannte Karpfenrücken, bei dem die Lende regelrecht aufgewölbt ist, eine Folge von besonders langen Dornfortsätzen an dieser Stelle. Pferde mit einem Karpfenrücken oder einer strammen Nierenpartie sind nicht gut auszusitzen, können

Nach mehreren Trächtigkeiten bildet sich bei Stuten oft der so genannte Senkrücken.

aber oft besonders kraftvoll springen. Prominentestes Beispiel dafür ist das Springpferd Simona, mit der Hartwig Steenken 1974 die Weltmeisterschaft gewann.

Man spricht von „Brusttiefe", wenn der Brustkorb reichlich Platz für Herz und Lunge bietet. Er soll weit nach hinten reichen. Ein flacher Brustkorb erschwert eine sichere Schenkellage, solche Pferde sind von vorne sehr schmal. Im Idealfall passt zwischen die Vorderbeine ein Zylinder, so die Faustregel britischer Pferdeleute.

Bauch: Nicht nur eine Frage des Typs

Wie bei Menschen gibt es Pferde, die zu einem Bauchansatz neigen und andere, die immer rank und schlank aussehen. Wie bei Menschen ist das – nicht nur, aber auch – eine Typfrage. Der „Urpony-Typ", nicht zu groß, leichtfuttrig und eher qua-

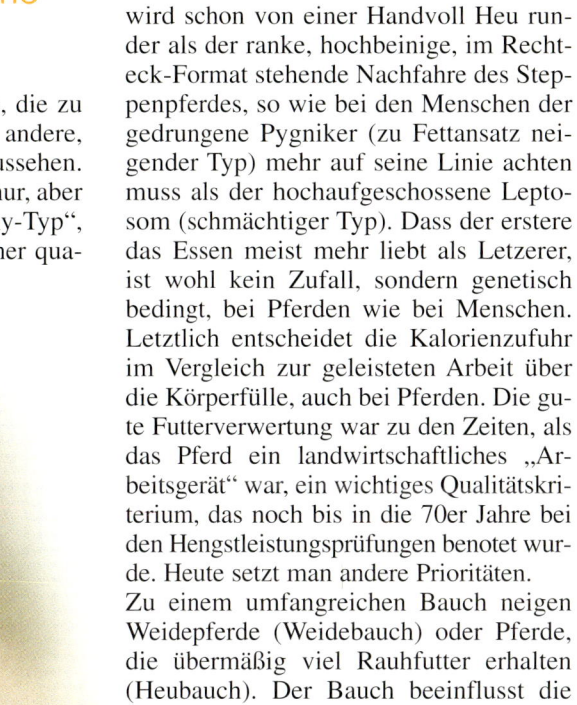

FOTO: LENZ

FOTO: RÜHL

dratisch, bekommt schnell einen Bauch, wird schon von einer Handvoll Heu runder als der ranke, hochbeinige, im Rechteck-Format stehende Nachfahre des Steppenpferdes, so wie bei den Menschen der gedrungene Pygniker (zu Fettansatz neigender Typ) mehr auf seine Linie achten muss als der hochaufgeschossene Leptosom (schmächtiger Typ). Dass der erstere das Essen meist mehr liebt als Letzerer, ist wohl kein Zufall, sondern genetisch bedingt, bei Pferden wie bei Menschen. Letztlich entscheidet die Kalorienzufuhr im Vergleich zur geleisteten Arbeit über die Körperfülle, auch bei Pferden. Die gute Futterverwertung war zu den Zeiten, als das Pferd ein landwirtschaftliches „Arbeitsgerät" war, ein wichtiges Qualitätskriterium, das noch bis in die 70er Jahre bei den Hengstleistungsprüfungen benotet wurde. Heute setzt man andere Prioritäten.

Zu einem umfangreichen Bauch neigen Weidepferde (Weidebauch) oder Pferde, die übermäßig viel Rauhfutter erhalten (Heubauch). Der Bauch beeinflusst die Sattellage und damit den Sitzkomfort. Ein dicker Bauch lässt den Sattel nach vorne rutschen mit den schon früher beschriebenen Nachteilen. Bei einem Pferd mit einer Figur wie ein Windhund rutscht er nach hinten und muss durch ein Vorderzeug am Platz gehalten werden, vor allem, wenn man auch springt und im Gelände klettert. Ideal ist auch hier die goldene Mitte.

Rund und gesund, das gilt auch bei Pferden nur in Maßen. Ein tonniger Rumpf mit einem ausgeprägten Bauch beeinträchtigt die Lage des Sattels. Und Übergewicht belastet unnötig Sehnen und Gelenke.

Kruppe & Hinterhand

Die Hinterhand ist das Kraftzentrum der Bewegung. Diese Aufgabe kann sie nur erfüllen, wenn sie entsprechend konstruiert und üppig bemuskelt ist und die großen Knochen und Gelenke im richtigen Winkel zueinander stehen.

Eine gerade Kruppe mit einem hoch angesetzten Schweif ist typische für arabische Pferde.

Der Motor des Pferdes sitzt hinten – die Konstruktion der Kruppe und des Hinterbeins prägen weitgehend die Art des Pferdes, sich zu bewegen: Ob es kraft- und schwungvoll trabt und galoppiert, ob es sich beim Springen abdrücken, ob es Last aufnehmen und damit die Vorderbeine entlasten kann. Entscheidend ist dabei nicht nur die Form der Kruppe, sondern vor allem auch die Winkelung der Hintergliedmaßen zueinander. Beides ist oft rassebedingt. Für Leistungspferde gilt die lange, mäßig abgeschrägte Kruppe als günstig. Sie sollte in ihrer Form an eine Melone oder an eine Walnuss erinnern. Das Sitzbein und das Darmbein, also die oberen Knochen, sollten möglichst lang sein.

Pferde mit gerader Kruppe und hohem Schweifansatz bewegen sich zwar oft sehr energisch, treten aber nicht genügend unter den Schwerpunkt, wenn das Hinterbein auch noch nach hinten herausgestellt ist. Deswegen gilt dies in der Beurteilung von Reitpferden als Mangel.

Der Schweifansatz ist häufig ein Rassemerkmal. Hoch angesetzte Schweife findet man oft bei den Arabern. Der Schweif soll locker getragen werden und leicht pendeln. Eingeklemmte und schlagende Schweife deuten auf Verspannungen, schlaff herunter hängende Schweife (Hammelschwanz) auf Kraftlosigkeit hin. Schief getragende Schweife sehen hässlich aus, sie können vererbt werden. Sie werden als Zeichen von Verspannung oder als einseitige Schwäche der Kruppenmuskulatur bewertet.

Ist die Kruppe höher als der Widerrist, spricht man von einem überbauten Pferd. Solche Pferde sind zwar oft ausgezeichnete Renn- und Springpferde, aber als Dressurpferde weniger geeignet, weil sie von Natur aus die Vorhand übermäßig belasten und nur schwer Gewicht mit der Hinterhand aufnehmen können. Sie bewegen sich aus einleuchtenden Gründen nicht bergauf, sondern eher bergab.

Die Kruppe soll üppig bemuskelt sein, um ihre Aufgaben als Kraftzentrum zu erfüllen. Hüfte und Oberschenkel sowie Ober- und Unterschenkel sollen etwa im rechten Winkel zueinander stehen (siehe Zeichnung). Stark gewinkelte Hinterbeine belasten das Sprunggelenk zusätzlich. Pferde, die im Sprunggelenk kaum gewinkelt sind, werden besonders in der Dressur nicht gerne gesehen, weil es ihnen schwer fällt, sich hinten zu setzen und mit der Hinterhand Gewicht aufzunehmen.

Die Hinterhand ist das Kraftzentrum der Bewegung, hier deutlich zu sehen bei Bundeschampion Sandro Hit unter Dr. Ulf Möller.

Skelett der Hintergliedmaße

- Hüftknochen
- Hüftgelenk
- Oberschenkel
- Kniescheibengelenk
- Kniekehlgelenk
- Unterschenkel
- Rollgelenk
- Sprunggelenk
- Zwischenreihengelenk
- Röhrbein
- Fesselgelenk
- Krongelenk
- Hufgelenk

Das Fundament

Der schönste Pferdekörper nützt nichts, wenn das Fundament, nämlich die vier Beine, ihn nicht tragen – in jedem Tempo, auf allen Wegen und das möglichst lange. Dazu sollte das Pferd nicht schief und krumm auf den Beinen stehen, sondern korrekt und gerade.

Kräftige, deutlich markierte Gelenke, kurze Röhrenknochen, auf denen deutlich erkennbar die Sehnen gelagert sind – so wünscht man sich das Fundament des Reitpferdes.

Schon von Natur aus, bevor der Mensch die Balance des Pferdes beeinflusste, indem er sich auf seinen Rücken setzte, haben die Vorderbeine mehr zu tragen als die Hinterbeine. Die Vorderbeine sind häufiger von Beinschäden betroffen als die Hinterbeine, vor allem bei Renn- und Vielseitigkeitspferden, die in hohem Tempo galoppieren und springen müssen.

Das Vorderbein

Bei der Vordergliedmaße ist das Verhältnis zwischen Unterarm und Röhrbein wichtig. Ein langer Unterarm, verbunden mit einem

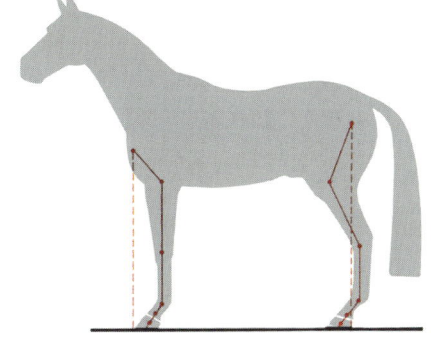

Im Idealfall geht vorne eine Senkrechte vom Buggelenk zu Hufspitze, hinten eine Senkrechte vom Hüftgelenk zum hinteren Hufrand.

kurzen Röhrbein, erzeugt eine lange, flache Aktion und ist bei Galopprennpferden erwünscht. Ein kurzer Unterarm mit einer langen Röhre, also einem verhältnismäßig hoch liegenden Vorderfußwurzelgelenk, erzeugt eine höhere Aktion, die so genannte Knieaktion, die für viele Zwecke sehr erwünscht und in bestimmten Fällen ein Rassemerkmal ist. Solche Pferde gehen in der Dressur eine erhabenere Passage und können beim Springen die Vorderbeine besser anwinkeln.

Großer Wert wird auf ein breites und deutlich ausgeprägtes Vorderfußwurzelgelenk, im Sprachgebrauch auch Vorderknie genannt, gelegt (das eigentliche Knie des

Pferdes ist das Gelenk, das am Hinterbein den Unterschenkel mit dem im Rumpf gelegenen Oberschenkel verbindet).

Das Vorderfußwurzelgelenk soll sich deutlich vom Röhrbein abheben. Zeigt die vordere Linie einen leichten Bogen nach hinten, ohne dass sich das Gelenk abhebt, spricht man von einem „geschliffenen Vorderbein". Ist die Verbindung von Vorderfußwurzelgelenk und Röhrbein am hinteren Rand zu deutlich markiert, spricht man von einem „geschnürten Vorderfußwurzelgelenk".

Das Vorderbein soll die Last des Körpers senkrecht tragen. Alle Verschiebungen dieser Balance, durch ein nach vorne herausgestelltes und unter den Rumpf zurückgestelltes Hinterbein, sind unerwünscht, weil sie das Gleichgewicht verändern und Sehnen, Knochen und Gelenke falsch belasten.

Das vordere Röhrbein, auch Vorderröhre genannt, soll kräftig, gerade und nicht zu lang sein. Die Sehnen sollen sich deutlich abzeichnen, man spricht dann von „trockenen" Beinen. Auch das Fesselgelenk soll kräftig und deutlich ausgebildet sein. Achtung bei allen sichtbaren Verdickungen, Beulen, schwammigen Sehnen und anderen Unregelmäßigkeiten abwärts des Vorderfußwurzelgelenk! Sie können – müssen nicht – ein Zeichen von Vorschäden sein.

Die Fessel soll mit dem Boden einen Winkel von etwa 45 Grad bilden. Lange, weiche

Fesseln, bei denen der Winkel kleiner ist, sind sitzbequemer, aber anfälliger. Kurze, steile Fesseln mit einem größeren Winkel zum Boden schwingen weniger und erschüttern die Gelenke. Von der Seite gesehen, sollen Fessel und Hufrand eine gerade Linie bilden.

Das Hinterbein

An der Beurteilung des Fundaments haben sich schon viele angehende Hippologen die Zähne ausgebissen. Das gilt besonders für das Hinterbein und sein zentrales Gelenk, das Sprunggelenk.

Dazu Gustav Rau: „Die Beurteilung des Sprunggelenks stößt bei vielen, die sich mit dem Pferde befasssen, auf ewige Schwierigkeiten. Manche lernen sie überhaupt nie."

Die Beurteilung erfordert große Übung und anatomische Kenntnisse, weil das Sprunggelenk quasi aus mehreren Stockwerken von kleinen Knochen zusammengesetzt ist,

begrenzt nach oben durch den Unterschenkel und nach unten durch das Röhrbein. Das Sprunggelenk soll breit und kräftig sein, und so trocken, dass man die kleinen Knochen quasi liegen sieht. Knochenauftreibungen deuten auf die Verschleißerscheinung Spat hin. Das sind Verwachsungen im Gelenk, die die Beweglichkeit einschränken (können). Verpönt ist auch die Hasenhacke, bei der die hintere Linie vom Sprungelenk abwärts nicht gerade, sondern nach außen gewölbt ist. Die Piephacke dagegen, eine weiche Auftreibung am Fersenhöcker, ist eher ein Schönheitsfehler, den sich Pferde durch Verletzungen wie Schlagen gegen die Wand zuziehen können.

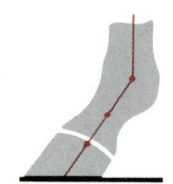 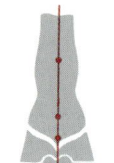

Regelmäßiger Huf von der Seite. *Ansicht von hinten.*

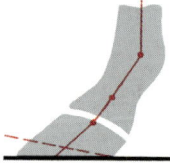 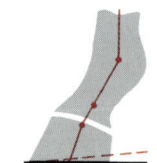

Gebrochene Zehenachse im Hufgelenk (Überstreckung) durch zu spitzen Huf. *Gebrochene Zehenachse im Hufgelenk (Beugung) durch zu stumpfen Huf.*

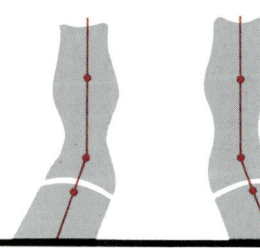

Nach außen abgeknickte Zehenachse (zehenweit).

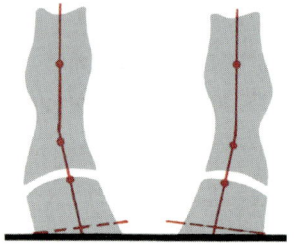

Nach innen abgeknickte Zehenachse (zeheneng).

Gliedmaßenstellung

von vorne

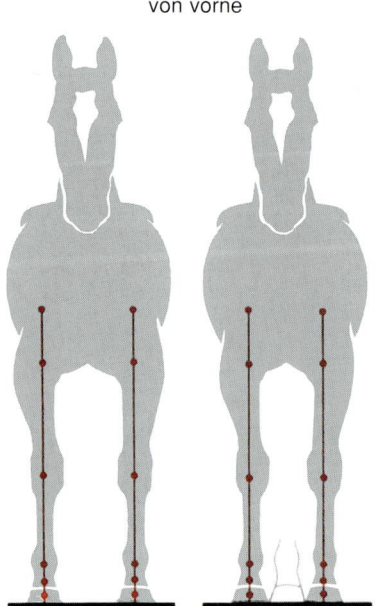

regelmäßig weit (ca. 1,5 bis 2 Hufbreiten Zwischenraum)   *regelmäßig*

von hinten

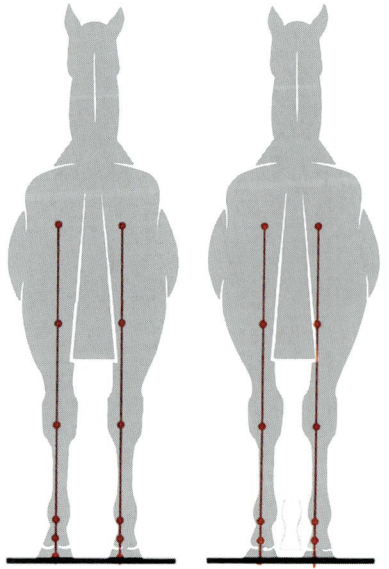

regelmäßig   *regelmäßig eng (weniger als eine Hufbreite Zwischenraum)*

ZEICHNUNGEN: FN-VERLAG

Hufe

Erst gesunde, regelmäßige Hufe machen ein Pferd vollkommen. Vorsicht bei Pferden, deren Hufe eine Problemzone sind.

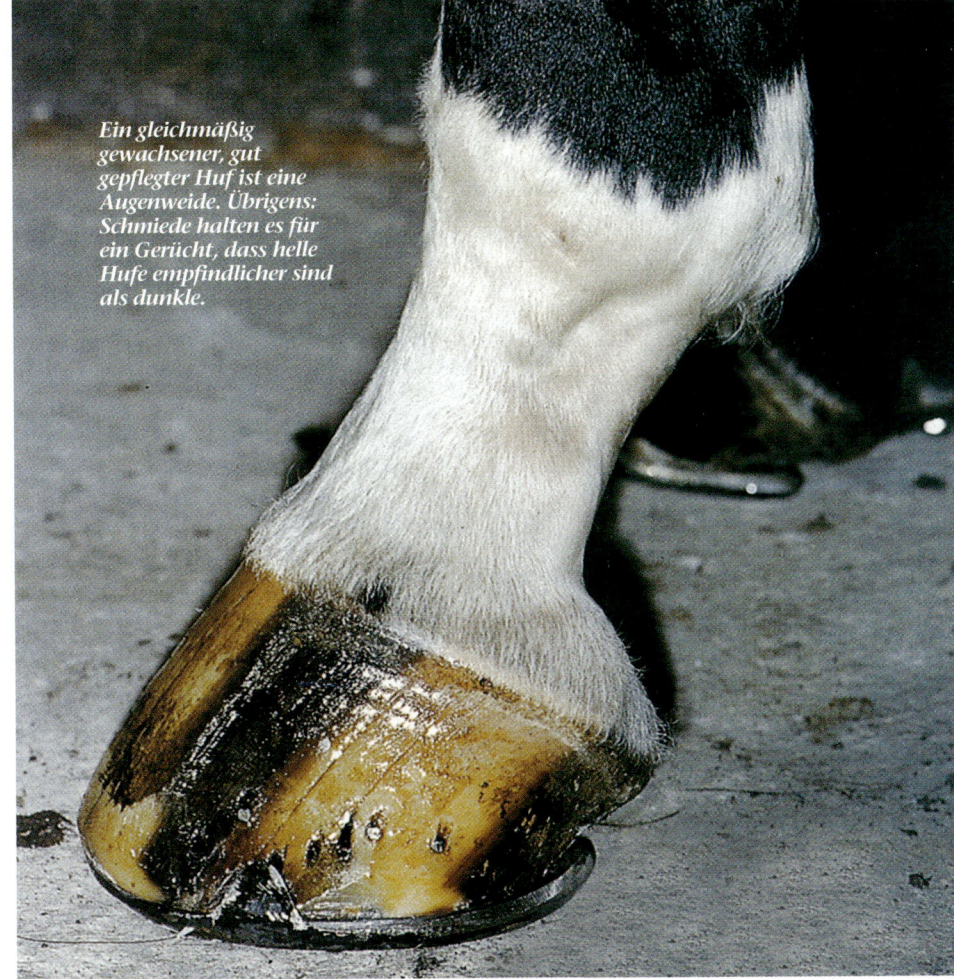

Ein gleichmäßig gewachsener, gut gepflegter Huf ist eine Augenweide. Übrigens: Schmiede halten es für ein Gerücht, dass helle Hufe empfindlicher sind als dunkle.

FOTO: PROHN

„No hoof, no horse", sagt der englische Pferdemann. Auf den Hufen lastet das ganze Gewicht des Pferdes. Fehlerhafte Hufe, brüchiges Horn, empfindliche Sohlen, Fehlstellungen, die teure Spezialbeschläge erfordern, sind nur einige Malessen, die dem Reiter die Freude an seinem Pferd verderben können. Glücklich der Reiter, dessen Pferd mit gesunden, regelmäßigen Hufen durchs Leben geht, das sich nirgendwo streift oder an die Beine schlägt, das im günstigen Fall keine Eisen braucht, weil es sich die Hufe gleichmäßig abläuft. Er spart viel Mühe, Ärger und Schmiedekosten. Der beste Beschlag ist kein Beschlag, sagt auch Dieter Kröhnert, der Schmied, der die deutschen Olympiapferde und andere vierbeinige Spitzensportler seit vielen Jahren betreut. Der Huf dehnt sich bei jeder Bewegung aus, dieser so genannte Hufmechanismus kann am besten arbeiten, wenn das Pferd nicht beschlagen ist.

Die Zeichnungen auf dieser Seite zeigen, wie der Huf im Idealfall aussehen soll. Auch hier gibt es Rassemerkmale. Pferde, die auf schweren oder sumpfigen Böden groß werden, haben von Natur aus breitere Hufe mit großflächigeren Sohlen als die Nachfahren der Steppenpferde, die harte, feste Hufe brauchten, um in unwegsamem Gelände schnell laufen zu können.

Hufkorrekturen sollte nur ein erfahrener Schmied vornehmen, denn dadurch wird das Gewicht in den Gliedmaßen anders verteilt, was nicht nur Auswirkungen auf den Huf, sondern auch auf Sehnen, Knochen und Gelenke hat.

Für die Beurteilung des Pferdes ist nicht nur die Form und Beschaffenheit des Hufes wichtig, er muss auch in der Größe zum Pferd passen. Zu kleine Hufe, womöglich noch enge Hufe mit der Tendenz zum Zwanghuf, sind ein deutlicher Mangel, denn solche Hufe neigen bei sportlichen Belastungen zu Schäden. Auch sollte der Betrachter auf den Beschlag achten. Vorsicht ist geboten, wenn Pferde schon in jungem Alter mit komplizierten Korrekturbeschlägen laufen müssen. Auf der anderen Seite, um noch einmal auf den großen Hippologen Gustav Rau zu verweisen, ist es zuweilen erstaunlich, mit welchen Unregelmäßigkeiten im Fundament Pferde jahrelang beschwerdefrei ihren Dienst versehen können, wenn sie über genügend Nerv und eine harte Konstitution verfügen.

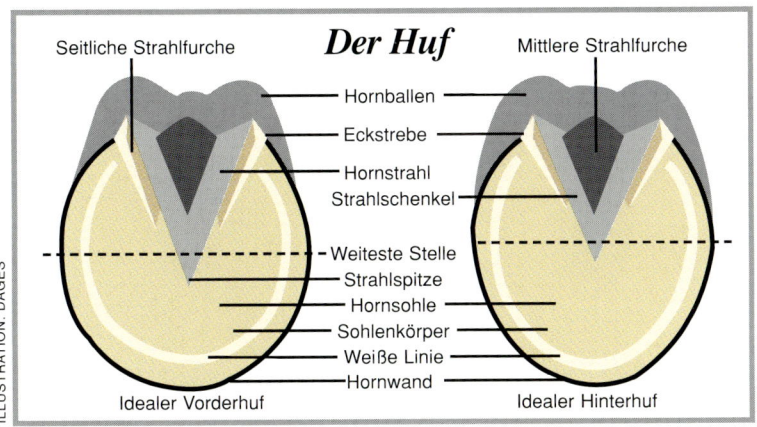

ILLUSTRATION: DAGES

Der Huf

Seitliche Strahlfurche — Mittlere Strahlfurche
Hornballen
Eckstrebe
Hornstrahl
Strahlschenkel
Weiteste Stelle
Strahlspitze
Hornsohle
Sohlenkörper
Weiße Linie
Hornwand

Idealer Vorderhuf — Idealer Hinterhuf

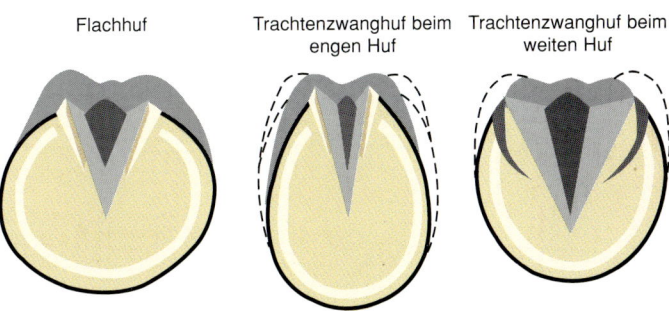

Flachhuf — Trachtenzwanghuf beim engen Huf — Trachtenzwanghuf beim weiten Huf

Problematische Hufformen von unten betrachtet. Links der Flachhuf, daneben zwei Formen von Zwanghufen. Die gestrichelte Linie gibt die Normalform an.

Schritt, Trab, Galopp

Das schönste Pferd im Stand nützt nichts, wenn es sich nicht gut bewegen kann.

Pferd im Schritt. Die Phasen, in denen man den Schritt am anstehenden Zügel reitet, sollten nicht zu lange ausgedehnt werden, um den Takt nicht zu gefährden.

Da Pferde nicht fürs Museum gezüchtet werden, sondern zum Reiten oder Fahren, entscheidet erst die Art, wie sie sich bewegen, wie gut ein Pferd wirklich für den vorgesehenen Zweck ist. Allerdings sind die Ansprüche der verschiedenen „Nutzer" denkbar verschieden. Während der Schritt in einigen Bereichen überhaupt keine Rolle spielt, zum Beispiel im Springsport, ist er für ein Dressurpferd enorm wichtig.

Ähnliches gilt für den Trab: Für ein Jagd- oder Rennpferd ist es völlig gleichgültig, wie es trabt, für ein Dressurpferd ist ein ausdrucksstarker Trab dagegen quasi die Visitenkarte. Und der Freizeitreiter will vor allem bequem sitzen.

Das Vielseitigkeitspferd sollte eine lange, weiträumige Galoppade haben. Für das Springpferd ist ein etwas kürzerer, schnell repetierender Galopp praktischer. Für ein Dressurpferd ist eine etwas höhere Aktion von Vorteil. Die Beispiele ließen sich noch fortsetzen. In jedem Fall soll der klare Takt in jeder Gangart zu erkennen sein. Alle drei Grundgangarten lassen sich in verschiedenen Tempi reiten. Ein versammelter Trab auf dem Dressurviereck hat nicht mehr viel gemeinsam mit dem Renntrab eines Trabers, der Geschwindigkeiten bis zu 50 Stundenkilometer erreicht.

Der Schritt ist eine Viertaktgangart. Zu jeder Zeit befinden sich mindestens zwei Hufe am Boden, es gibt also keine Schwebephase. Deswegen spricht man im Schritt auch nicht von Schwung, sondern von Fleiß. Man sollte einen gleichmäßigen Viertakt hören. Die Hinterhufe sollen mindestens eine, besser zwei Hufbreiten über die Spuren der Vorderhufe fußen. Ein solcher Schritt, taktmäßig, fleißig und raumgreifend, eignet sich für jeden Verwendungszweck. Das ist auch für die Dressur ein günstiges Maß; Pferde, die noch mehr übertreten, haben im Laufe der Ausbildung oft Probleme mit dem Takt, das heißt sie neigen zum Passgang (dann fußen die gleichseitigen Beinpaare gleichzeitig auf). Man kann beobachten, dass sich der Schritt bei vielen Pferden im Laufe der Dressurausbildung verschlechtert, das heißt, auch in schweren Prüfungen sieht man Pferde mit einem schlechten, das heißt kurzen, trippelnden oder nicht taktreinen Schritt. Das kann nach dem heutigen Bewertungssystem vor allem in der Kür durch Stärken in anderen Lektionen weitgehend ausgeglichen werden, was von Puristen kritisiert wird. Schließlich sind die reinen Grundgangarten das oberste Gut, das es zu erhalten gilt. Langes Schrittreiten tut jedem Pferd gut, dem Rennpferd zwischen den

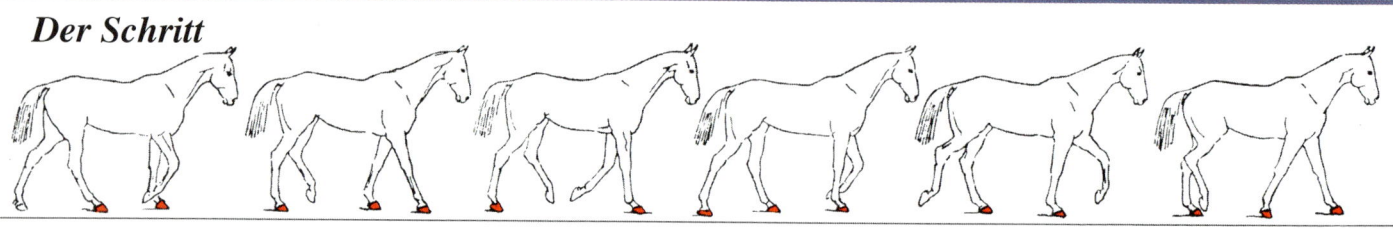

Der Schritt

Der Schritt ist eine Viertakt-Gangart, immer sind mindestens zwei Beine am Boden. Ob das Pferd gut im Takt geht, hört man auf hartem Boden schon von weitem: vier gleichmäßige Schläge. Bei „Rhythmusstörungen" ist der Takt in Gefahr.

Der Trab

Der Trab ist eine Zweitakt-Gangart, jeweils das diagonale Beinpaar fußt gleichzeitig auf, dazwischen liegt eine Schwebephase. Wichtiger als die imposante Aktion der Vorderbeine ist das energische Abfußen des Hinterbeins.

Der Galopp

Der Galopp ist die natürliche Gangart des Pferdes, wenn es schnell laufen will. Er ist ein Dreitakt, ein, zwei oder drei Beine sind am Boden, gefolgt von einer Schwebephase. Das Pferd kann rechts oder links galoppieren.

Galoppstrecken ebenso wie dem Dressur- oder Springpferd. Für das Vielseitigkeitspferd ist es ein unverzichtbarer Bestandteil des Trainings.

Der Trab ist ein Zweitakt, jeweils die diagonalen Beinpaare fußen gleichzeitig auf, dazwischen liegt eine Schwebephase. Er gilt bei Reitpferden als die „Geldgangart" – viele Käufer, selbst wenn sie nicht Grand Prix reiten, wollen die Beine fliegen sehen, möglichst schon beim Fohlen. Fachleute verweisen immer darauf, dass sich der Trab im Laufe der Ausbildung noch sehr verbessern lässt. Tatsache ist, dass bei den Aufbauprüfungen für junge Pferde der Trab eine überdimensional wichtige Rolle spielt. Wichtiger als das imponierend nach vorne geschleuderte Vorderbein ist die Aktion der Hinterbeine, die energisch unter den Schwerpunkt federn sollen.

Für den Durchschnittsreiter können solche riesigen Tritt ganz schön unbequem sein. Eine weniger imposante Aktion ist meist bequemer und verschleißt auch bei längeren Trabphasen Sehnen und Gelenke weit weniger. Wie bei den anderen Gangarten sind elastische Bewegungen mehr wert als gespannte Schaueffekte.

Der Galopp wird als Rechts- bzw. Linksgalopp gesprungen, letzterer ist den meisten Pferden lieber. Er ist von unten am schwersten zu beurteilen. Bessere Aufschlüsse darüber gibt das Gefühl vom Sattel aus. Auf etwas festerem Boden kann man hören, ob das Pferd im reinen Dreitakt galoppiert. In hohem Tempo, also im Renngalopp, bei dem Geschwindigkeiten bis zu 70 Stundenkilometer erreicht werden, wird ein Viertakt daraus. Auch Pferde, die vor dem Sprung sehr fleißig und kurz galoppieren, zeigen oft einen Viertakt. Der Vierschlag, der durch schleppendes Galoppieren entsteht, ist aber ein Fehler, wie auch der Kreuzgalopp, bei dem die Pferde vorne Rechts- und hinten Linksgalopp gehen bzw. umgekehrt. Er ist nicht nur für den Reiter sehr unbequem, sondern deutet auch auf eine Verspannung oder Schwäche im Rücken hin.

Neben den klassischen drei Grundgangarten Schritt, Trab und Galopp haben in den letzten Jahren zunehmend Pferde Anklang gefunden, die auch **Tölt** und **Pass** sowie diverse Abwandlungen dieser Gänge gehen. Schon im Mittelalter wurden diese Gangarten besonders gefördert, weil sie sehr be-

So sieht ein dressurmäßiger Galopp aus (Einbeinstütze, der als nächstes, siehe oben, die Dreibeinstütze folgt).

SCHREINER

FOTO: SCHMELZER

Taktmäßiger, schwungvoller und losgelassener Arbeitstrab. Ein diagonales Beinpaar ist am Boden, das andere schwingt nach vorne.

Gangart	Länge	Tempo
Schritt (Schritte)	1,30 - 1,80 m	6-7 km/h
Trab (Tritte)	2 - 2,30 m	14-10 km/h
Galopp (Sprünge)	3,50 - 8 m	bis zu 70 km/h

quem sind. Bestimmte Rassen beherrschen durch züchterische Selektion diese Gangarten, wie Isländer, amerikanische Saddlebreds und Tennessee Walkers, südamerikanische Paso Finos oder Criollos.

Im Tölt ist die Fußfolge im Prinzip wie im Schritt, also ein Viertakt, nur sehr viel schneller. Im Pass werden die gleichseitigen Beine gleichzeitig aufgesetzt, gesteigert bis zu atemberaubender Geschwindigkeit im Rennpass mit einer deutlichen Schwebephase.

Die Farben

Ein gutes Pferd hat keine Farbe – den Spruch kennt jeder. Dennoch ist es gut zu wissen, warum das eine Pferd so, das andere so gefärbt ist. Und eine Lieblingsfarbe darf jeder Reiter haben, oder?

Ein gutes Pferd hat keine Farbe – diesen Satz hat wohl jeder schon einmal gehört, wenn Reiter und Züchter über Pferde reden. Es soll heißen: Gute und schlechte Pferde, harte und weiche, temperamentvolle und lethargische Pferde gibt es in jeder Farbe. Aber die Farbe des Pferdes verdient dennoch unsere Aufmerksamkeit. Oft ist sie ein ausgesprochenes Rassemerkmal, wie die Rappfarbe bei den Friesen oder die Falb- bzw. Fuchsfärbung mit hellem Langhaar bei den Haflingern. Erwünscht sind reine, klare Grundfarben. Verschwommene „Fehlfarben" sind zumindest für Zuchtpferde nicht gerne gesehen. Auf der anderen Seite wünschen sich viele Reiter heute ein Pferd mit einer „besonderen" Farbe, das nicht jeder hat.

Man unterscheidet die Grundfarben Füchse, Braune, Rappen, Schimmel. Welche Farbe ein Fohlen hat, bestimmen die Gene und die wiederum funktionieren wie die Haarfarbe beim Menschen nach den Mendelschen Gesetzen.

Schimmel: Die Schimmelfarbe ist dominant. Es gibt reinerbige Schimmel, deren Eltern beide Schimmel sein müssen. Ihre Nachkommen sind zu 100 Prozent Schimmel, auch mit andersfarbigen Partnern. Der Angloaraber Ramzes, einer der großen Sportpferdevererber des vergangenen Jahrhunderts, ist dafür ein Beispiel.

Nicht reinerbige Schimmel bringen je nach Anteil des Schimmelblutes einen mehr oder weniger hohen Anteil an dunkelfarbigen und Schimmelnachkommen hervor.

Fuchs: Die Fuchsfarbe verhält sich rezessiv, das heißt verdeckt. Bei Füchsen fehlt das schwarze Pigment, das Langhaar (Mähne und Schweif) ist ebenfalls wie das Fell fuchsfarben. Füchse miteinander gepaart ergibt immer einen Fuchs.

Füchse bringen, gepaart mit reinerbigen Braunen oder Rappen, niemals Füchse, sondern immer Braune oder Rappen. Mit gemischterbigen Braunen oder Rappen werden die Fohlen zur Hälfte braun bzw. fuchsfarben.

Rappen haben ein schwarzes Fell und schwarzes Langhaar. Gegenüber Braunen sind sie rezessiv, das heißt, die Nachkommen werden braun, oft dunkelbraun. Reinerbige Rappen untereinander ergeben immer wieder Rappen (Beispiel: Friesen).

Braune gibt es in verschiedenen Farbtönen von hellbraun bis schwarzbraun, immer sind Mähne und Schweif schwarz.

In der Reitpferdezucht sind Braune und Füchse die am meisten verbreiteten Farben.

Ob Braune, Rappen, Schimmel oder Schecken: In der Welt der Pferde ist für viele Farben und unzählige Schattierungen Platz.

Die Weißgeborenen

Albinos kommen, anders als Schimmel, die als Rappe, Fuchs oder Brauner geboren werden, weiß auf die Welt und haben blaue, „gläserne" Augen. Schon in früheren Jahrhunderten wurde versucht, Albinos zu züchten. Das ist nie dauerhaft gelungen, weil die Sterblichkeitsrate der Fohlen sehr hoch war und viele weiß geborene Pferde wenig Widerstandskraft gegen Krankheiten entwickelten. Die berühmteste Albino-Zucht war die der Könige von Hannover (erst in Memsen, dann in Herrenhausen). 1895 wurde die Zucht der Herrenhäuser Weißgeborenen aufgrund mangelnder Lebenskraft und Fruchtbarkeit aufgegeben.

Der Stärkere dominiert

Paart man reinerbige (homozygote) Schimmel, Braune, Rappen und Füchse miteinander, ergibt sich folgendes Bild:

Rappe x Fuchs = Rappe
Brauner x Fuchs = Brauner
Brauner x Rappe = Brauner
Schimmel x Brauner = Schimmel
Schimmel x Rappe = Schimmel
Schimmel x Fuchs = Schimmel

Schimmel: Als Fohlen in dunkler Jacke, bald blütenweiß (wenn man gut putzt). Ganz hell werden Schimmel allerdings erst in späteren Jahren.

Fliegenschimmel: Die dunklen Punkte auf dem sonst hellen Fell sollen lästige Insekten fernhalten. Sie entwickeln sich in der Regel erst im Laufe der späteren Jahre.

Apfelschimmel: Der Name hält, was er verspricht: Die runden Flecken sind apfelgroß, rund und anfangs sehr dunkel. Sie verschwinden aber mit zunehmendem Alter.

Rappschimmel: Was denn nun: Rappe oder Schimmel? Beides? Wie man sieht, ist dies möglich. Allerdings wird auch dieser Rappschimmel mit jedem Fellwechsel heller.

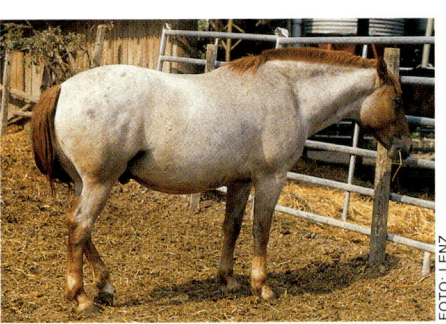

Rotschimmel: Ein Hauch von Fuchs, und doch ein Schimmel. Wie auch bei den anderen Schimmelfarben wird der Rotfuchs mit dem Alter heller.

Braunschimmel: Obwohl diese Farbe nicht nur bei bestimmten Rassen vorkommt, sieht man sie besonders häufig bei Kaltblütern.

Albino: Eher selten sieht man Albinos. Mit ihrer hellen Haut, die sie schon bei der Geburt haben, sind sie sehr empfindlich: Ein Sonnenbrand ist keine Seltenheit.

FOTO: LENZ

Palomino: Dunkle Augen, goldenes Fell und weißes Langhaar – kein Engel, sondern ein Palomino. Diese prachtvoll erscheinende Färbung sieht man häufig bei Westernpferderassen.

FOTO: TOFFI

Fuchs: Die Fuchsfarbe vererbt sich rezessiv. Das heißt, wenn Fuchs mit Fuchs gepaart wird, kommt immer ein Fuchs heraus – wenn aber zum Beispiel Fuchs und Brauner gepaart werden, wird's immer ein Brauner.

FOTO: LENZ

Dunkelfuchs: Nicht ganz so oft sieht man diese Farbe, die besonders bei Sonnenschein in schönem Kupferglanz erstrahlt. Bekannter Vertreter: Olympiapferd Rusty von Ulla Salzgeber.

FOTO: EYLERS

Hellbrauner: Ein hellbraunes Fell, dunkle Beine und schwarzes Langhaar definieren diesen Braunen, der sich in allen Rassen zeigt. Braune dominieren oft die Starterfelder.

FOTO: LENZ

Brauner: Ähnlich wie der Hellbraune, nur im Ton ist er etwas dunkler. Auch hier sind die Gliedmaßen und das Langhaar prägnant durch ihre schwarze Färbung.

FOTO: LENZ

Dunkelbrauner: Eine nicht nur von Dressurfans geschätzte Farbe. Liebevoll wird der Dunkelbraune auch als „schokobraun" bezeichnet, was seinen Beliebtheitsgrad zeigt.

FOTO: EYLERS

Schwarzbrauner: Auch sehr gefragt im Sport und in der Zucht. Im Winter sind die Schwarzbraunen meist dunkler, also eher schwarz als braun.

FOTO: RÜHL

Rappe: Absolute Hingucker sind die Rappen, die in „lackschwarz" Pferdefans aus allen Disziplinen begeistern.

Falbe hell: Ehemals an europäischen Fürstenhöfen in Mode, zeichnet die Falben ähnlich wie die Palominos ein goldfarbenes Kurzhaar aus. Das Langhaar ist dunkel.

Falbe braun: Der bekannteste Vertreter ist wohl der Norweger. Ein besonderes Merkmal ist das schwarz-isabelle Langhaar, das dem Norweger sein individuelles Aussehen gibt.

Falbe grau: Auch hier sind die Merkmale prägnant. Der Graufalbe hat schwarzes Langhaar neben dem grauen Deckhaar. Auch dies findet man häufig bei Norwegern.

Bunt ist beautiful

Als Schecken bezeichnet man Pferde, deren Fell in mehr oder weniger großen Flecken mindestens zwei, manchmal drei verschiedene Farben aufweist. Die weißen Teile des Felles sind meist von Geburt an weiß und wie die „normalen" weißen Abzeichen an Kopf und Beinen mit unpigmentierter, also rosa Haut unterlegt, während die Haut bei Schimmeln dunkel ist.

Man unterscheidet verschiedene Arten der Scheckung. Beim **Plattenschecken** sind große weiße Flecken auf einer der üblichen Fellfarben (Braun, Rappe, Fuchs) verteilt. Hier wiederum wird unterschieden zwischen **Tobiano-Schecken**, mit relativ ruhiger Farbaufteilung und meist über den Rücken führenden weißen Platten, dunklen Köpfen und hochweißen Abzeichen an den Beinen; und **Overo-Schecken**, bei denen die Farbaufteilung lebhafter ist und der Kopf oft sehr starke Abzeichen, bis hin zur Laterne aufweist oder sogar vollständig weiß ist. Beide Formen kommen auch gemischt vor, dann spricht man von **Sabino-Schecken**, bei denen die Weißzeichnung oft vom Bauch ausgeht, mit großen Abzeichen an Kopf und Beinen und häufig großen, stichelhaarigen Partien.

Beim **Tigerschecken** sind dunkle Flecken wie ein Leopardenmuster über das weiße Fell verteilt. Ist davon der ganze Körper überzogen, spricht man vom **Volltiger**, ist nur die Kruppe gesprenkelt und das restliche Fell in einer dunklen Grundfarbe, spricht man vom **Schabrackentiger** bzw. **Appaloosa**.

Tigerschecke: Das Pferd von Pippi Langstrumpf ist das bunteste und fleckigste unter den Schecken. Säumen die dunklen Flecken noch helle Ränder, spricht man von Achattigern.

Overo: An den Köpfen viel Weiß, an den Beinen ist dieser Overo allerdings ganz ohne Zeichnung. Viele haben dort auch auch andersfarbige Stellen.

Appaloosa: Eine bunte Kruppe zeichnet den Appaloosa aus, der sonst eher einfarbig, meist braun ist. Ihn findet man besonders oft in der Westernreiterei.

Tobiano: Typisch bei dieser Färbung sind die dunklen Köpfe und hochweißen Beine, die diese Form der Plattenscheckung auszeichnen.

Schecken kommen in vielen Rassen vor: Kaltblut, Warmblut und Ponys. Gerade in den letzten Jahren wurden die „Bunten" immer beliebter. Sie tauchen nicht nur im Freizeitsport, sondern auch im Turniersport immer häufiger auf.

In einigen Populationen sind sie dennoch unerwünscht. Während die Trakehner Zucht seit Alters her auch Schecken zulässt, werden gescheckte Pferde in das Holsteiner oder Hannoveraner Zuchtbuch nicht eingetragen.

Farbenfroh macht seinem Namen
alle Ehre. Der westfälische Fuchs,
mit dem Nadine Capellmann
2002 Dressur-Weltmeis-
terin wurde, hat vier
weiße Beine und
eine üppige
Blesse.

FOTO: TOFFI

Die Abzeichen

Abzeichen am Kopf und/oder an den Beinen sind unverwechselbare Kennzeichen der meisten Pferde. Wie die Fellfarbe sind sie ein Erbteil der Vorfahren unserer Pferde.

Abzeichen sind weiße Flecken am Kopf und an den Beinen, seltener auch am Bauch. Sie sind bereits bei der Geburt des Fohlens vorhanden und verändern sich nicht mehr. Allerdings können im Laufe eines Pferdelebens weiße Fellflecken als Folge von Verletzungen oder Satteldruck hinzukommen. Sie alle sind wichtige Merkmale, um ein Pferd zu identifizieren, weswegen sie im Pferdepass genau festgehalten werden müssen. Weitere individuelle Merkmale sind die Wirbel und die „Kastanien", korkähnliche Verknorpelungen an der Innenseite der Beine von etwa drei Zentimetern Durchmesser. Auch sie sind in den Papieren eingetragen und von besonderer Bedeutung, wenn das Pferd sonst keine Abzeichen aufweist.

Abzeichen haben sich im Laufe der Evolution entwickelt. Die Urpferderassen hatten noch keine weißen Abzeichen. Wie unsere Hauspferde zu ihren Abzeichen kamen, ob durch Mutation oder durch die Vermischung vieler verschiedener Ursprungsrassen, ist nicht vollständig erforscht. Anders als beim normalen Schimmel ist die Haut unter den weißen Haaren der Abzeichen hell. So gibt es Schimmel, die zunächst dunkel mit weißen Abzeichen geboren werden, welche aber im Laufe der Zeit verschwinden, wenn nämlich der Schimmel mit jedem Haarwechsel heller wird. Aber die Haut bleibt unter den Abzeichen rosa.

Wie die Fellfarbe werden auch die Abzeichen durch die Gene bestimmt. Es gibt Linien, in denen immer wieder gehäuft Pferde mit Abzeichen, auch „bunte" Pferde genannt, auftauchen. In manchen Rassen sind Abzeichen nicht erwünscht und sogar ein Grund, ein Pferd nicht ins Zuchtbuch einzutragen, wie zum Beispiel bei den Friesen, bei denen die Rappfarbe ohne Abzeichen ein Rassemerkmal ist.

So wie ein gutes Pferd keine Farbe hat, so spielen auch die Abzeichen für die Qualität und das Leistungsvermögen eines Pferdes keine Rolle. Bunte Pferde sind bei manchen Reitern nicht so beliebt, zumal, wenn die Zeichnung sehr unregelmäßig ist. Vor allem Dressurreiter fürchten, dass sich Richter von der unsymmetrischen Färbung, wie einer schiefen Blesse oder unregelmäßig hohen weißen Beinen, irritieren lassen. Manche gehen sogar so weit und färben die weißen Abzeichen für das Turnier in der Grundfarbe des Felles ein.

Weiße Beine gelten als anfälliger gegen Krankheiten wie Mauke und Allergien. Bewiesen ist das nicht, genauso wenig wie die Behauptung bestätigt ist, helle Hufe seien weicher als dunkle Hufe, der viele Schmiede aus Erfahrung widersprechen.

> **Die wichtigsten Abzeichen und ihre korrekten Bezeichnungen finden Sie auf den folgenden Seiten.**

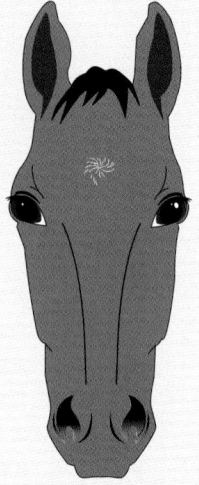

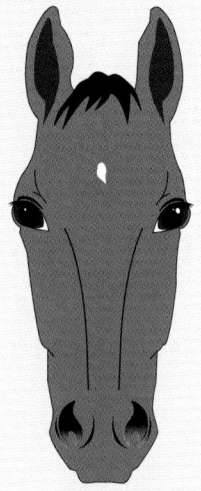

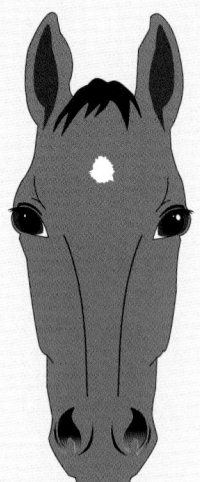

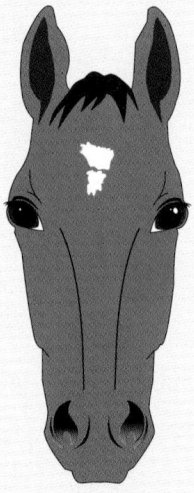

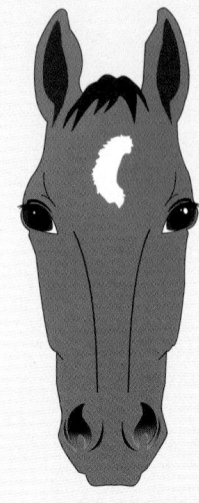

Stirnhaare

Flocke

Stern

Unterbrochener, länglicher Stern

Halbmondförmiger, links geöffneter Stern

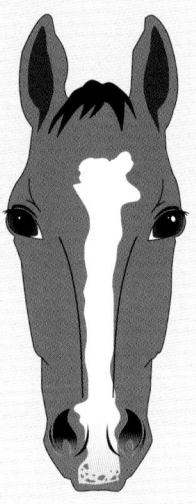

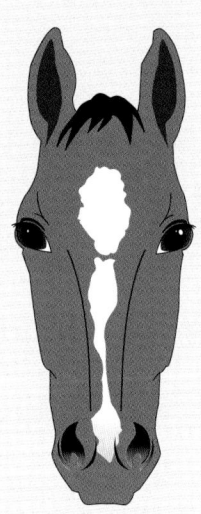

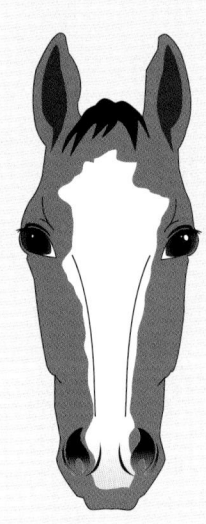

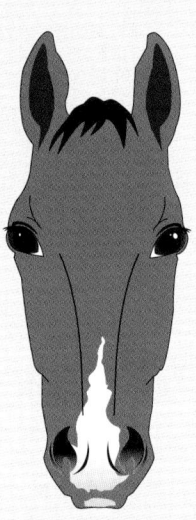

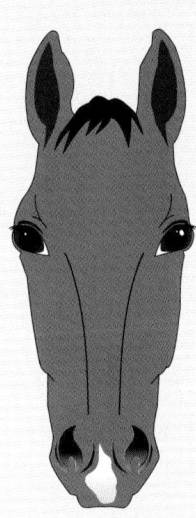

Oben unregelmäßige, unten gefleckte, durchgehende Blesse

Oben unterbrochene, unten geschnürte Blesse

Breite, oben unregelmäßige, nach links auslaufende Blesse

Untere, in linke Nüster reichende, unregelmäßige breite Blesse, Oberlippe weißer Fleck

Schnippe

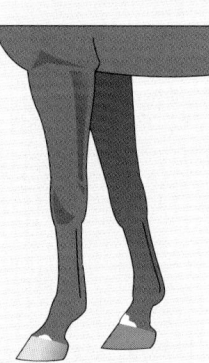

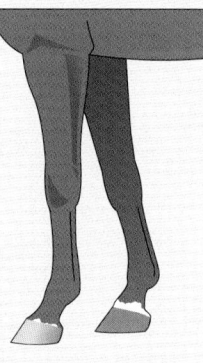

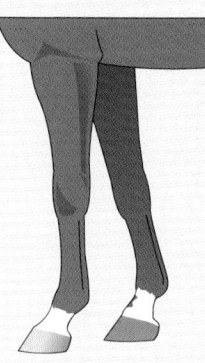

Linker Vorderballen weiß

Linke Vorderkrone außen weißer Fleck, rechte Vorderkrone weiß

Linke Vorderkrone außen gefleckt weiß, rechte Vorderkrone und Vorderballen weiß

Linke Vorderfessel weiß, rechte Vorderfessel unregelmäßig gefleckt weiß

Linke Vorderfessel weiß, außen Kronenflecke, Kötenfleck, rechte Vorderfessel halb weiß

Linker Vorderfuß unregelmäßig hoch weiß, rechte Vorderfessel weiß

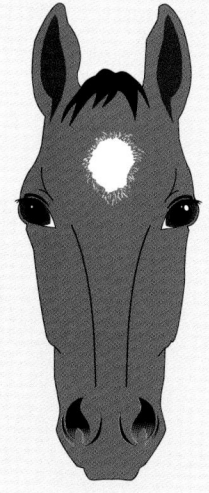

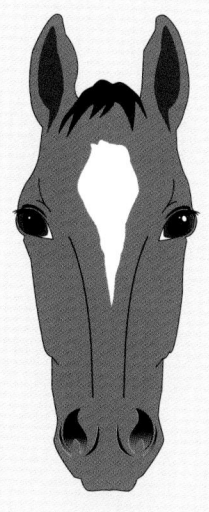

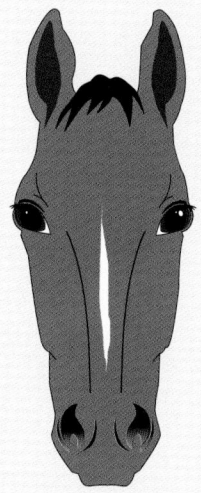

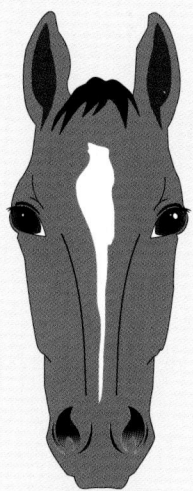

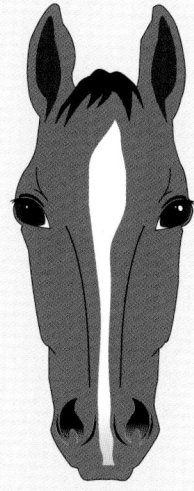

Am Rande schattierter, großer Stern

Großer, langer Keilstern

Langer Strich

Oben verbreiterte Schnurblesse

Oben am Rand stichelhaarige, fast durchgehende schmale Blesse

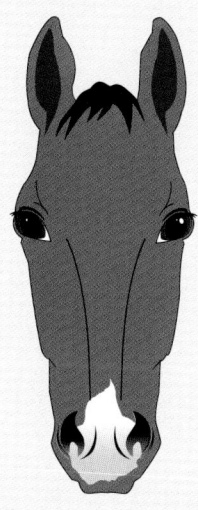

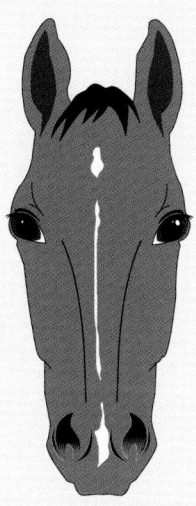

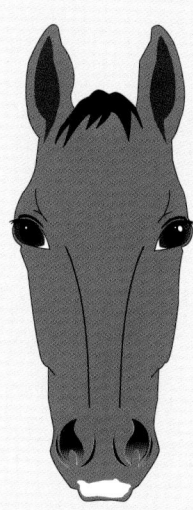

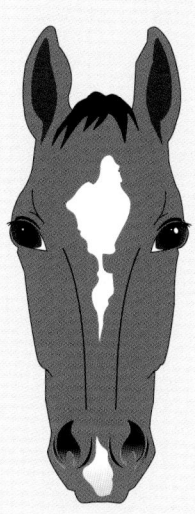

Sehr große, durchgehende, in beide Nüstern reichende, hoch auslaufende Schnippe

Stern, Strich, unten verbreiterte Schnippe

Oberlippe weiß

Großer, unregelmäßiger, in der Mitte geschnürter Keilstern, unregelmäßige, in weiße Oberlippe auslaufende Schnippe

Laterne, rechts Glasauge

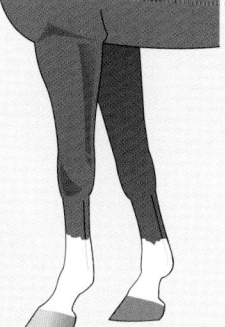

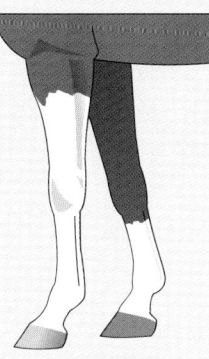

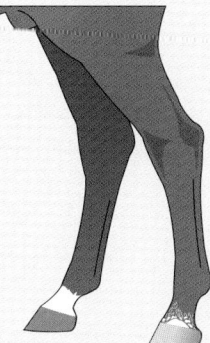

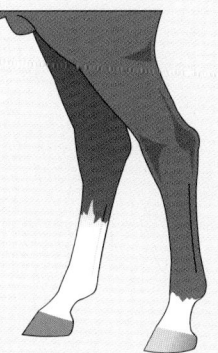

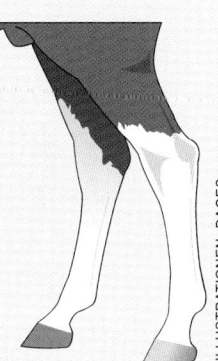

ILLUSTRATIONEN: DAGES

Beide Vorderfüße unregelmäßig halb weiß

Linkes Vorderbein unregelmäßig, rechter Vorderfuß hoch weiß

Linke Hinterfessel schattiert, rechte Hinterfessel weiß

Linker Hinterballen weiß, rechter Hinterfuß unregelmäßig halb weiß

Linke Hinterfessel unregelmäßig halb weiß, rechter Hinterfuß innen unregelmäßig halb weiß

Beide Hinterfüße unregelmäßig hoch weiß, rechter Hinterfuß innen unregelmäßig halb weiß

Größe und and

Maße bei Pferden

Rasse	Widerrist-höhe	Röhrbein-umfang
Shetland Pony	unter 107 cm	10 - 12 cm
Dt. Reitpony	138 - 148 cm	17-18,5 cm
Warmblut	160 - 175 cm	ca. 20 cm
Kaltblut (Shire)	155 - 200 cm	23 - 28 cm

Von ganz klein bis ganz groß: Shetland Pony, Reitpony, Warmblüter, Kaltblüter (Shire).

ere Maße

Pferde gibt es in allen Konfektionsgrößen, vom Minipony mit 60 Zentimetern Widerristhöhe bis zum Kaltblüter der Rasse Shire, der bis zu zwei Meter Widerristhöhe misst. Doch ob Reiter und Pferd zusammenpassen, entscheidet nicht allein das Stockmaß.

Was für die Farbe gilt, gilt auch – mit Maßen – für die Größe des Pferdes: Bei einem guten Pferd spielt das Stockmaß (Widerristhöhe) eine untergeordnete Bedeutung. Der Holsteiner Calvaro von Willi Melliger war mit einem Stockmaß von 1,90 Meter genauso ein Weltklassespringpferd wie der nur 1,58 Meter große Jappeloup des französischen Olympiasiegers Pierre Durand.

Im Prinzip ist die Größe des Pferdes genetisch festgelegt und richtet sich nach Rasse und Schlag. Wie die Menschen sind jedoch die Pferde in den letzten Jahrzehnten durch gutes, reichliches Futter generell größer geworden, zumindest bei den Rassen, bei denen der Rassestandard keine Obergrenze festlegt, wie bei den Warmblütern. Spricht noch der große Hippologe des vergangenen Jahrhunderts, Gustav Rau, von einem Idealmaß von 1,55 bis 1,65 Metern Widerristhöhe, so hat sich das Normalmaß des Deutschen Reitpferdes zwischen 1,65 und 1,70 Meter eingependelt. Der Trend zum übergroßen Pferd ist wohl etwas vorbei, seit bewiesen ist, dass sehr große Pferde anfälliger für bestimmte Krankheiten sind, wie zum Beispiel Kehlkopfpfeifen.

Größe ist ein relativer Begriff. Kleine Pferde können groß wirken, wenn sie über bedeutende Partien wie einen langen Hals oder eine große, schräge Schulter verfügen. Sie können oft genauso viel Gewicht tragen wie ein großes Pferd, wenn sie entsprechend kräftig gebaut und vor allem gut ausbalanciert sind. Für das Gleichgewicht wiederum ist entscheidend, über wie viel Boden ein Pferd steht: Die Vorderbeine sollten so weit auseinander stehen, dass noch ein Zylinder durchpasst, besagt ein altes englisches Sprichwort.

Viel wichtiger als das reine Gewicht ist vor allem in Dressurprüfungen oder bei Schaubildern der harmonische Gesamteindruck von Reiter und Pferd. Auch hier können fehlende Zentimeter durch einen bedeutenden Rahmen des Pferdes ausgeglichen werden. Es gibt aber auch hochgewachsene Reiter, die trotz ihrer Länge auf jedes Pferd passen. Sie haben meist einen verhältnismäßig kurzen Oberkörper und lange Beine. Baumeln die Absätze allerdings weit unter der Bauchlinie, ist kaum noch ein harmonisches Bild möglich. Dann sollte sich der Reiter ein größeres Pferd suchen.

Allein auf weiter Flur sind die wenigsten Pferde gerne. Aber sie können es lernen und dabei gelassen bleiben, wenn sie Vertrauen zum Menschen haben und sich in ihrer Umgebung wohl fühlen.

FOTO: RÜHL

Charakter & Temperament

Zur Beurteilung eines Pferdes gehören auch die inneren Werte, die sich freilich nicht sofort mit einem Blick erkennen lassen. Dabei sind sie wichtiger als bestimmte Gebäudemerkmale.

Erfahrene Reiter, auch erfolgreiche Sportgrößen, sind sich in einem Punkt einig: Die inneren Werte des Pferdes sind mindestens ebenso wichtig wie die übrigen Talente und wichtiger als bestimmte Körperformen. Ein Pferd, das dem Menschen zugetan ist, gern mit ihm zusammenarbeitet und ihm vertraut, kann viele körperliche Mängel kompensieren. Der Sportreiter braucht darüber hinaus ein Pferd, das mitkämpft, das merkt, wenn es darauf ankommt. Solche Genies sind oft nicht leicht zu handhaben, neigen im Dressurviereck zu Eskapaden, machen auch mal Fehler aus Übereifer, haben aber eine Ausstrahlung, die der brave Musterknabe nie erreicht.

Der Freizeitreiter wiederum, der gerne seine Runden beim Musikreiten dreht, der auch alleine durchs Gelände bummelt, kann auf ein bisschen Genialität gut verzichten, wenn sein Pferd nur mit stoischer Ruhe jeden Tumult auf der Tribüne und einen vorbeibrausenden Intercity im Gelände erträgt. Einem sensiblen Pferd, das jede falsche Bewegung übelnimmt, würde er kaum gerecht werden, während sich der Dressurprofi exakt so seinen vierbeinigen Partner wünscht.

Temperament und Charakter sind zum großen Teil genetisch bedingt. Ihnen wird deswegen in allen Pferdezuchten große Beachtung geschenkt, schon weil ein schwieriges Pferd, dem die besagte Genialität abgeht und das auch sonst nichts Besonderes kann, kaum noch einen Besitzer findet, der mit ihm glücklich wird. Linien, die immer wieder im Umgang „schwierige" Pferde hervorgebracht haben, also Beißer, Schläger und konstante Leistungsverweigerer, sind im Laufe der Zeit mehr oder weniger konsequent eliminiert worden. Um nicht missverstanden zu werden: Zwar gibt es keine geborenen „Verbrecher", aber anders als früher werden Pferde heute vielfach von Menschen betreut, die nicht mit Pferden aufgewachsen sind und deswegen etwas unkompliziertere Vierbeiner brauchen.

Temperament und Charakter kann man dem Pferd nur sehr bedingt ansehen, hierauf wurde an anderer Stelle schon hingewiesen. Meist stellt sich erst nach längerer Bekanntschaft heraus, wie es wirklich um die inneren Werte des Pferdes bestellt ist.

Kampfgeist müssen Pferde haben, die im Spitzensport erfolgreich sein wollen. Hugo Simon, hier mit Amaretto, verstand es stets, seine Pferde so zu motivieren, dass sie ihr Bestes gaben.

Die meisten Verhaltensweisen unserer Pferde stammen aus Urzeiten und haben sich auch durch 5000 Jahre Domestikation nur sehr wenig verändert. Das ist gut zu wissen, denn was oft auf den ersten Blick als „schlechter Charakter" oder „Verrücktheit" ausgelegt wird, ist in Wahrheit nur ein Relikt aus der Zeit, in der das Pferd in der freien Natur ums Überleben kämpfen musste. Manche dieser Verhaltensweisen waren dabei außerordentlich hilfreich, auch wenn sie dem heutigen Reiter eher lästig sind.

Dazu zählt die Abneigung der meisten Pferde, allein zu sein. Pferde sind Herdentiere, ein einzelnes Tier wurde in der Natur leichte Beute von Tiger und Löwe. Das erklärt den Instinkt, sich am liebsten in der Nähe von Artgenossen aufzuhalten. Ein Pferd, das diesen Instinkt seinem Reiter zuliebe überwindet, zeigt ein großes Maß an Vertrauen und Gehorsam.

Ganz natürlich ist es auch, dass ein Pferd im Stall hinter seinen Artgenossen herwiehert. Woher soll es wissen, dass sie wieder kommen und es nicht alleine bleibt? Auch diese Ängste können mit vertrauensvoller Gewöhnung abgebaut werden. Da ist es hilfreich, wenn das Pferd über eine gewisse Intelligenz verfügt. Diese darf man allerdings nicht mit menschlichen Maßstäben messen. Zwar ist das eine Pferd intelligenter als das andere, aber das Denk- und Kombinationsvermögen des Pferdes ist im Vergleich zu anderen Säugern relativ gering und primitiv, sein Gedächtnis dafür umso besser. Ein intelligentes Pferd stellt natürlich auch höhere Ansprüche an den Reiter: Es merkt blitzschnell, wo es sich entziehen und seinen Willen durchsetzen kann, erkennt jede Schwachstelle und nutzt sie aus.

Je enger das Pferd dem Menschen angeschlossen ist, desto intensiver wird auch

FOTO: TOFFI

die Verständigung zwischen beiden. Die arabischen Pferde, denen man eine besonders hohe Intelligenz zuspricht, verfügen nicht nur über die größte Gehirnmasse unter den Pferden, sie lebten auch jahrhundertelang mit ihren Reitern quasi unter einem Dach in Zelten und kamen wie Hunde auf diese Weise dem Menschen näher als die anderen „Nutztiere". Und der Mensch lernte bald, dass er sich die Urinstinkte der Pferde auch zu Nutze machen kann: das gute Gedächtnis, den hochentwickelten Orientierungssinn, aber auch den Herdentrieb und das Bedürfnis nach Nähe und Zuwendung.

Spricht man vom Charakter des Pferdes, denkt man an Eigenschaften wie mutig oder ängstlich, anhänglich oder abweisend, gleichgültig oder interessiert. Beim Temperament reicht die Skala von phlegmatisch bis hitzig. Eine gute Portion Phlegma brauchen alle Arbeitspferde, auch bei Kinderponys und Anfängerpferden macht es sich bezahlt, wenn wenigstens das Pferd Ruhe ausstrahlt. Für weiter gehende Ansprüche sind triebige und faule Pferde keine Freude. Und der Sportreiter kann schon gar nichts damit anfangen.

Je höher der Vollblutanteil in einem Pferd ist, desto leichter erregbar ist nach landläufiger Meinung sein Temperament, was nur zur Hälfte stimmt. Reine Vollblüter

In der Gruppe fühlen sich alle Pferde wohler als allein. Das entspricht ihrem Herdentrieb, der sich über Jahrtausende erhalten hat.

FOTO: BAU

Darauf kommt es an:

- Innere Werte, ohne die es nicht geht: Übersicht, Leistungsbereitschaft, Menschenfreundlichkeit
- Ein Schuss Genialität für den Sport
- Ein Schuss Phlegma für den Anfänger

sind dank ihrer Intelligenz oft die Ruhe selbst, behalten den Überblick auch in schwierigen Situationen und werden geradezu zu Lämmern, wenn ein Kind auf ihnen sitzt. Nervliche Unausgeglichenheit findet sich eher noch bei Vollblutmischungen. Aber auch dies ist oft eine Frage der Veranlagung, der Aufzucht und des täglichen Umgangs.

Von Zuchtzielen und Zuchtprogrammen

Jeder Pferdezuchtverband in Deutschland legt in seinem Regelwerk ein Zuchtziel fest und entwickelt ein Zuchtprogramm, mit dessen Hilfe dieses Ziel erreicht werden soll. Das klingt ziemlich theoretisch, hat aber Auswirkungen für den praktischen Züchter. Denn nur wenn er sich an diese Regeln hält, bekommt sein Pferd die Papiere und den Brand des betreffenden Verbandes. Und das ist bares Geld wert, denn wer ein Pferd kaufen will, legt großen Wert auf dieses „Gütesiegel", auf eine sorgfältig dokumentierte Abstammung. Die Regeln werden auf mehr oder weniger demokratischem Wege von den Mitgliedern des Zuchtverbandes beziehungsweise den von ihnen gewählten Delegierten festgelegt. Sie müssen aber von den staatlichen Behörden, in der Regel dem zuständigen Tierzuchtreferat im Landwirtschaftsministerium, geneh-

migt werden. Da Pferde wie Schweine und Rinder landwirtschaftliche Nutztiere sind, redet der Staat hier mit. Unter Zuchtprogrammen muss man sich Maßnahmen vorstellen,

FOTO: TOFFI

So soll es aussehen, das Deutsche Reitpferd (Hannoveraner Walk on Top unter der Schwedin Louise Nathorst): schön, bewegungsstark und leistungswillig.

mit denen die Rasse verbessert werden soll, zum Beispiel, die Selektion auf Körungen und Stutenschauen, Hengstleistungsprüfungen und Stutenprüfungen. Das Zuchtziel des Deutschen Reitpferdes, also des in verschiedenen regionalen Verbänden gezüchteten Warmblutpferdes, wurde 1975 von den Verbänden formuliert. Es ist ziemlich allgemein gehalten, jeder einzelne Zuchtverband hat es präzisiert. So wurde für die Holsteiner zum Beispiel die besondere Springbegabung in das Zuchtziel mit aufgenommen.

Das Rahmenzuchtziel des Deutschen Reitpferdes lautet folgendermaßen:

„Gezüchtet wird ein edles, großliniges und korrektes Reitpferd mit schwungvollen, raumgreifenden, elastischen Bewegungen, das aufgrund seines Temperamentes, seines Charakters und seiner Rittigkeit für Reitzwecke jeder Art geeignet ist."

Egal, zu welcher Rasse es gehört, ein Reitpferd hat in allererster Linie die Aufgabe, ein angenehmer und bequemer Freizeitpartner für seinen Reiter zu sein.

Islandpferde mögen nicht für die Dressur prädestiniert sein, aber als unkomplizierte Geländepferde sind sie ideal.

Das Reitpferd

FOTO: RAFAIL

Man kann zwar fast jedes Pferd reiten, das heißt, sich auf seinen Rücken setzen, deswegen ist aber noch lange nicht jedes Pferd ein Reitpferd. Jeder Reiter stellt andere Ansprüche an das Pferd seiner Träume: Der eine will einen ruhigen Freizeitpartner, mit dem er nach dem Job durch Wald und Flur streift; der nächste ein Pferd, mit dem er in der Reitstunde und beim Musikreiten eine gute Figur macht. Ganz zu schweigen von all den Reitern, die sich sportliche Ziele gesetzt haben, sei es im klassischen Turniersport, beim Westernreiten, mit Isländern oder mit Barockpferden. Diese Spezialdisziplinen erfordern Spezialbegabungen, für die in dem einen oder anderen Punkt der Reiter auch zu Kompromissen bereit sein muss. Doch davon später.

Gesund – brav – bequem

Hier soll vor allem das Freizeitpferd für alle Zwecke vorgestellt werden. Gesund, brav und bequem – das ist wohl der kleinste gemeinsame Nenner, auf den man Pferde für den Amateur bringen kann. Das gilt sowohl für den Isländer, auf dem der gestresste Anwalt am Wochenende durch den Wald reitet, als auch für das Springpferd für den Jugendlichen, der beim Reitabzeichen seinen ersten Parcours springen will. Drei Eigenschaften,

die nicht sehr aufregend klingen, aber beileibe nicht selbstverständlich sind, wenn ein Pferd angeboten wird.

Ob ein Pferd gesund ist, kann der Laie schwer beurteilen, sofern es von äußeren Verletzungen und sichtbaren Verformungen – Überbeine, angelaufene Beine – frei ist und sich nicht gerade die Seele aus dem Leib hustet. Er kann sich aber genau erkundigen, wie das Pferd gehalten wurde – Jahre in muffiger Einzelbox mit wenig Bewegung haben häufig ihre Spuren an Lungen und Bewegungsapparat hinterlassen. Er kann sich auch auf sein Gefühl verlassen und sich das Haarkleid und den Gesamteindruck des Pferdes einprägen. Glattes, glänzendes Fell, ein wacher, unaufgeregter Blick sind gute Zeichen. Aber auch mit schlammverklebtem Winterfell ist ein Pferd zwar nicht besonders adrett, aber deswegen noch lange nicht krank.

Hilfreich ist das Ergebnis der tierärztlichen Ankaufsuntersuchung, das allerdings auch keine Sicherheitsgarantie bietet. Sie kann sehr ausführlich mit modernsten Methoden (Röntgenbilder, Ultraschall, Blutprobe) und entsprechend teuer sein oder weniger aufwändig, dafür günstiger, mit nur wenigen oder gar keinen Röntgenbildern, was aber bei Freizeitpferden, die nicht den Belastungen des Wettkampfsports ausgesetzt sind, oft ausreicht.

Innere Werte

Auch bei Pferden sind ein gutes Temperament und ein ausgeglichener Charakter wichtiger als Schönheit. Und diese inneren Werte können über manche körperliche Unvollkommenheit hinweg trösten.

Ob ein Pferd brav ist, kann man ihm ebenfalls nicht mit Sicherheit ansehen. Auch hier ist ein bisschen Recherche über das Vorleben des Pferdes angeraten. Ein ruhiges, vertrauensvolles Auge, ein gelassenes Ohrenspiel, insgesamt „gute Manieren", um einen Begriff aus der Menschengesellschaft zu verwenden, sagen schon viel aus.

Pferde, die sich nach dem Freilaufen in der Halle schlecht einfangen lassen, die rücksichtslos den Menschen, der sie führt, herumzerren, ihm auf den Fuß treten, die sich nicht ruhig hinstellen lassen, sondern herumzappeln und den Menschen kaum zur Kenntnis nehmen, sind wahrscheinlich nicht so brav, wie es sich der Freizeitreiter erhofft. Es sei denn, er will erst mal einen teuren Kurs bei einem der gängigen Gurus buchen, um sein Pferd zu erziehen. Wie brav das Pferd wirklich ist, zeigt sich erst im Gebrauch. Ob es brav bleibt, liegt wiederum an dem Reiter, der mit ihm umgeht.

Ob ein Reiter ein Pferd als bequem empfindet, hängt von seinen Bedürfnissen ab. Für das dressurmäßige Reiten ist ein Pferd be-

Ein gutes Jagdpferd guckt aufmerksam zum Hindernis und bleibt auch im Gruppengalopp ruhig.

FOTO: SCHREINER

quem, das willig durchs Genick mit leichter Anlehnung und schwingenden, aber nicht zu großen Bewegungen vorwärts geht. Der Islandreiter wiederum empfindet Tölt und Pass als außerordentlich bequeme Bewegungen, und wer am liebsten im leichten Sitz im Jagdfeld galoppiert, für den ist es ziemlich egal, ob sich das Pferd gut aussitzen lässt, solange es trittsicher ist und nicht so pullt, dass dem Reiter die Arme lang werden. Reitkomfort ist auch ein wichtiger Teil beim Zuchtziel des Deutschen Reitpferdes, also der Warmblüter aus deutschen Zuchten – auch wenn Freunde anderer Rassen jetzt auf die Tatsache verweisen werden, dass viele Warmblüter groß, temperamentvoll und damit für den nicht wettkampforientierten Reiter sehr anspruchsvoll sind. Das stimmt – einerseits. Andererseits sind im Zuchtziel genau die Merkmale formuliert, die ein Pferd im Idealfall zu einem angenehmen Partner machen, wobei Vollkommenheit in der Pferdezucht genauso selten ist wie auch sonst im Leben.

FOTO: HOHE

Wer gerne Dressur reitet, braucht ein sitzbequemes Pferd, das leicht durchs Genick tritt.

Das Galoppieren im Gelände macht am meisten Spaß mit einem Pferd, das energisch vorwärts geht, dabei aber unter der Kontrolle des Reiters bleibt.

FOTO: FRIELER

Die Chemie muss stimmen

Wer nach einem Pferd ohne Fehler sucht, wird nie eins finden, das zu ihm passt. „Fehlergucker" unter den Pferdeleuten sind zu Recht berüchtigt. Ihnen ist der Blick für das ganze Pferd abhanden gekommen, sie hängen sich an Mängeln in Details auf, die sie nicht mehr im Zusammenhang sehen und beurteilen können. Denn erstens gibt es Mängel, die für den Reitgebrauch nur eine geringe Rolle spielen, und zweitens heben sich Mängel oft gegeneinander wieder auf. Über die körperlichen Voraussetzungen, die aus einem Pferd ein rittiges bequemes Reitpferd machen, wurde schon an anderer Stelle gesprochen.

Viel wichtiger ist es, dass sich das Pferd für den Zweck, für den es eingesetzt wird, eignet und dass Reiter und Pferd zusammen passen, nicht nur von Größe und Gewicht, sondern auch vom Temperament und Charakter. Deshalb sollte sich jeder fragen, bevor er sich für ein Pferd entscheidet, was er damit vorhat und was er dem Pferd für ein Leben bieten kann – Offenstallhaltung, Laufstall oder das Leben in einer ganz normalen Box in einem großen Reitstall. Er sollte sich fragen, wie viel Zeit er dem Pferd

widmen kann. Boxenpferde verlangen nach intensiverer reiterlicher Betreuung als Pferde im Offenstall, die den ganzen Tag in ruhiger Bewegung sind. Am allerwichtigsten: Der Reiter muss das Pferd mögen, er muss sich auf jede Stunde freuen, die er mit ihm verbringen wird. Bei Menschen würde man sagen: Die Chemie muss stimmen.

Partnerwahl

Weil Reiter und Pferd also temperamentmäßig zusammenpassen müssen, ist ein bisschen Selbsterkenntnis nötig. Was können Sie dem Pferd reiterlich bieten? Ein ungeduldiger, nervöser Reiter und ein sehr sensibles, vielleicht ängstliches Pferd werden sich wohl gegenseitig in den Wahnsinn treiben – es sei denn, der Reiter lernt, sich zu beherrschen. Ein eher phlegmatischer Reiter und ein faules, triebiges Pferd werden mit der Zeit einschlafen, dafür hat ein solcher Reiter wahrscheinlich eine Engelsgeduld mit einem nervigen Pferd.

Hoch veranlagte Pferde haben oft einen ausgeprägten Willen und stellen deswegen in der Regel auch höhere Ansprüche an das reiterliche Können. So wie auch ein Porsche mehr Fahrkunst erfordert als ein Golf, weswegen die meisten Menschen mit letzterem weitaus besser bedient sind.

■ Der Anfänger braucht ein ruhiges, gelassenes Pferd mit weichen, angenehmen Bewegungen. Es muss nicht olympiaverdächtig sein. Von frechen, ungehorsamen Pferden sollte sich der Anfänger fern halten.

■ Wer hauptsächlich spazieren reiten will, braucht keinen Beau, der im ganzen Reitstall Aufsehen erregt, sondern ein Pferd, das auch durch Trecker, Hubschrauber und Intercity-Züge nicht aus der Ruhe zu bringen ist. Dann darf auch der Kopf gern etwas größer sein.

■ Wer in den Dressursport einsteigt, braucht kein junges Nachwuchstalent, sondern eher ein älteres Lehrpferd, auf dem er die Dressurlektionen erfühlen kann. Dasselbe gilt analog für den Einsteiger in die Vielseitigkeit oder in den Springsport: Ein erfahrenes Pferd ist der beste Lehrmeister.

Mit Eleganz und tänzerischer Leichtfüßigkeit dominierte der Westfale Rembrandt die Dressurspitze in den Jahren 1988 bis 1994.

FOTO: TOFFI

Das Dressurpferd

Auf dem Dressurviereck hat sich das Modell Deutsches Reitpferd durchgesetzt, aber auch barocke Typen haben eine Chance. Überragende Bewegungen und das gewisse Etwas, das man „Ausstrahlung" nennt, wird vom Sportler im Viereck verlangt.

Dressur ist ein ästhetischer Sport, zumindest sollte er es sein. Mehr als bei jeder anderen Reitsportart zählt deswegen beim Dressurpferd Eleganz und Schönheit, das gewisse Etwas, das man als Ausstrahlung bezeichnet. So wie eine Turnerin oder eine Gymnastin, die eine tadellose Figur hat, mehr Punkte bekommt als ihre weniger gut aussehende, vielleicht etwas übergewichtige Konkurrentin, selbst wenn diese die Übungen genauso korrekt ausführt. Dies vorweggenommen, gibt es dennoch genügend Beispiele von hocherfolgreichen Dressurpferden, die alles andere als im landläufigen Sinne schön waren, die aber durch ihre leichtfüßigen Bewegungen, durch Energie, Intelligenz und Nerv vieles wettgemacht haben oder sich als hochbegabt für die Lektionen der hohen Versammlung erwiesen und damit jahrelang Punkte im Grand Prix-Sport sammeln konnten. Und schon häufig ist aus einem unauffälligen Dreijährigen durch richtige Ausbildung ein strahlender Star geworden.

Doch die Konkurrenz ist härter geworden, die Grundqualität der Dressurpferde hat sich in den letzten Jahren ständig verbessert, die Ansprüche von Reitern, Ausbildern und Richtern sind gestiegen. Der Zuchtfortschritt bei Dressur- wie bei Springpferden ist gewaltig. Die Pferde sind im Durchschnitt schöner geworden und bewegen sich besser; sie lassen sich besser ausbilden und reiten, das heißt, sie sind rittiger. Und manches Pferd, das in der Nachkriegszeit im Dressurviereck Schleifen sammelte, hätte heute kaum noch eine Chance.

Eng im Zusammenhang damit steht die Spezialisierung der internationalen Sportpferdezucht auf Dressur- oder Springbegabung. Es haben sich ausgesprochene Dressurlinien herauskristallisiert, aus denen in jedem Jahr neue Viereckstalente sprießen. Es seien genannt der Oldenburger Donnerhall v. Donnerwetter, der unter Karin Rehbein selbst mehrfach zur deutschen Championatsmannschaft gehörte und nebenbei eine ganze Hengst-Dynastie mit Dressurbegabung gründete. Dasselbe gilt für den Westfalen Rubinstein v. Rosenkavalier, erfolgreich unter Martina Hannöver und Nicole Uphoff, den Hannoveraner Weltmeyer v. World Cup I mit seinen Söhnen Wolkenstein I und II oder den Westfalen Florestan v. Fidelio.

Das Modell des europäischen Warmblutpferdes, wie es vor allem in Deutschland und den Niederlanden gezüchtet wird, hat sich im internationalen Dressursport durch-

Ganz im Typ seiner arabischen Ahnen stand Mariano v. Ramzes, mit dem Josef Neckermann 1966 erster Weltmeister der Dressurreiter war. Obwohl der Schimmel nur 1,62 Zentimeter Stockmaß hatte, deckte er seinen 1,90 Meter großen Reiter ohne Probleme.

gesetzt. Die besten Exemplare dieser Rasse sind schön, können sich überragend bewegen, zeigen imponierende Trabverstärkungen und lassen sich zugleich so versammeln, dass ihnen auch Lektionen wie Piaffe und Passage nicht schwer fallen. Auch Galopp und Schritt lassen im Idealfall keine Wünsche offen.

Diesem „Standardtyp" gegenüber tun sich andere Rassen schwer, auch und gerade die so genannten Barockpferderassen, die ursprünglich für die Lektionen der hohen Schule gezüchtet wurden. Aber wie die Bronzemedaille der spanischen Mannschaft bei der Weltmeisterschaft in Jerez 2002 zeigt, hat auch dieser Pferdetyp – kleiner, gedrungener, mit höherer, aber weniger ausgreifender Aktion – seinen Platz im Sport, wenn die Pferde – wie die der Spanier – sauber ausgebildet und vorgestellt werden. Wenn sie in ihren Paradelektionen, Piaffe und Passage, punkten, gleichen sie Schwächen, zum Beispiel in den Verstärkungen, aus.

Im letzten Jahrhundert sah man auch häufig Vollblüter im Dressurviereck, heute kaum noch. Dabei ist der Vollblüter durch seine Eleganz und Intelligenz durchaus für die Dressur geeignet, vorausgesetzt er verfügt über einen entsprechenden Trab. Schritt und Galopp brauchen ja ohnehin den Vergleich mit dem Warmblüter nicht zu scheuen. Aber zum einem verlangt er einen besonders geduldigen, feinfühligen Reiter und widersetzt sich jeder Ausbildung im Turbotempo und zum anderen ist er als Dressurpferd eher ein „Abfallprodukt" einer Zucht, deren Ziel die Schnelligkeit im Galopp ist. Im Renngalopp wird die äußerste Streckung des Pferdekörpers verlangt und diese Fähigkeit steht im gewissen Gegensatz zur äußersten Verkürzung des Pferdes in hoher Versammlung. Deswegen haben es reine Vollblüter heute schwer gegen die Warmblüter, die bereits auf Dressureigenschaften selektiert werden und in denen der Vollblutanteil in zweiter oder dritter Generation Adel und Nerv gesichert hat.

Gebäude

Es gibt natürlich einige Merkmale im Exterieur, noch mehr in der Bewegung, die der Dressurreiter sehen will, wenn er sich für ein Pferd entscheidet. Zunächst wird er es als Ganzes auf sich wirken lassen. Daran kann er schon einiges erkennen, Rückschlüsse auf Temperament und Charakter sowie reiterliche Probleme ziehen. Einige Schwächen können durch besonders gute Points ausgeglichen werden.

Schon auf den ersten Blick soll das Pferd harmonisch wirken, mit langen Linien, die einen elastischen, weiträumigen Bewegungsablauf nicht garantieren, aber erhoffen lassen. Es muss im Gleichgewicht stehen. Eine gute Muskulatur an den richtigen Stellen (Hinterhand!) ist erwünscht, hängt aber auch sehr vom Ausbildungsstand ab. Ein Dreijähriger kann natürlich noch nicht so muskulös sein wie ein S-Dressurpferd. Das Pferd soll Gelassenheit, Intelligenz und Leistungsbereitschaft ausstrahlen.

Der Hannoveraner Gigolo v. Graditz, obwohl nicht „hübsch" im landläufigen Sinne, hatte alle Qualitäten eines großen Dressurpferdes: Bedeutende Linien, überragende Bewegungen und die Bereitschaft zur Mitarbeit. Isabell Werth gewann mit ihm sechs Olympiamedaillen, vier Mal Gold, zwei Mal Silber.

FOTO: TOFF

Auf den ersten Blick behäbig, aber hoch-talentiert für Piaffe und Passage war der Holsteiner Granat, mit dem die Schweizerin Christine Stückelberger 1976 Olympiasiegerin wurde.

Der Oldenburger Bonfire unter Anky van Grunsven aus den Niederlanden, Olympiasiegerin 2000, imponierte durch seinen Eifer. Seine Knieaktion ermöglichte ausdrucksvolle Piaffen und Passagen.

Ein Bild von Kraft und Eleganz zugleich ist der russische Fuchs Rusty unter der Europameisterin von 2001, Ulla Salzgeber. Für Galoppwechsel und Trabverstärkungen gibt es häufiger die Höchstnote zehn.

Kopf

Die inneren Werte werden zunächst nach dem Gesichtsausdruck beurteilt. Ob ein Kopf „hübsch" ist, spielt für die Dressureignung keine Rolle, viel wichtiger sind ein großes, ruhiges Auge, ein gelassenes Ohrenspiel und vor allen Dingen ein leichtes Genick sowie genügend Ganaschenfreiheit. Denn diesen Pferden fällt die für die Dressur notwendige Beizäumung viel leichter als Pferden mit dickem Genick und wülstigen Ganaschen. Solchen Pferden sollte man die höhere Dressurausbildung ersparen, bei ihnen ist die notwendige Durchlässigkeit sehr schwer zu erreichen.

Hals

Auch die Form des Halses ist für die Eignung als Dressurpferd wichtig. Er soll lang sein und schön geschwungen, aber nicht so lang, dass das Pferd verführt wird, sich „aufzurollen", das heißt, sich hinter dem Gebiss zu verkriechen. Solche überlangen, dünnen Hälse nennt man Schwanenhals. Die Muskeln sollen am oberen Halsrand deutlich ausgeprägt sein. Sind sie am unteren Halsrand stärker, ist der Hals quasi verkehrt herum aufgesetzt und die untere Halslinie konvex statt konkav, spricht man vom Unterhals, in extremen Fällen vom Hirschhals. Zwar lässt sich daran einiges im Laufe der Ausbildung verbessern, aber das bedeutet Zeit und Mühe. Ist der Hals außerdem noch tief an der Schulter angesetzt, ist auch ein solches Pferd nicht für die höhere Dressur geboren. Ein etwas hoch angesetzter Hals ist günstig, nimmt er doch schon die Form vorweg, die später das versammelte Dressurpferd einmal haben soll. Pferde mit hoch aufgesetztem Hals müssen aber zu Beginn ihrer Ausbildung zunächst sorgfältig in die Tiefe geritten werden. Nimmt man die angeborene Aufrichtung sofort an, läuft man Gefahr, dass das Pferd den Rücken wegdrückt.

Hengste haben von Natur aus einen stärkeren Hals als Stuten oder Wallache und sind deswegen manchmal nicht leicht zu formen, wirken andererseits aber imposanter. Außerdem entwickelt sich bei Hengsten im Laufe der Zeit auf dem Mähnenkamm ein Speckpolster, das verhindert, dass das Genick wie verlangt der höchste Punkt ist. Das darf aber für die Dressurnote keine Rolle spielen.

Schulter und Vorhand

Die Schulter soll lang und schräg gelagert sein. Zwischen Ellbogengelenk und Rumpf soll bequem eine Hand passen. „Angeklatschte" Ellbogen behindern den weiten Vorgriff des Vorderbeins und das Seitwärtstreten in den Traversalen. Ein möglichst schräg gelagerter Oberarm, das Stück zwischen Buggelenk und Ellbogen, gilt als günstig für raumgreifende Bewegungen. Die ideale Winkelung zwischen Schulter und Oberarm ist 90 Grad. Eine nicht ideale Schulter kann gelegentlich durch eine besonders günstig gewinkelte, aktive Hinterhand ausgeglichen werden, die den Schwung nach vorne bringt.

Der Widerrist soll ausgeprägt sein und lang in den Rücken reichen: Das ermöglicht eine gute Sattellage. Bei Pferden mit verschwommenem Widerrist liegt der Sattel oft schlecht. Solche Pferde müssen dann mit Vorgurt geritten werden, damit der Sattel nicht auf die Schulter rutscht. Bei einem Dressurpferd sollte die Kruppe auf keinen Fall höher als der Widerrist sein. Solche „überbauten" Pferde sind schwer zu versammeln.

Fundament

Für das Fundament des Dressurpferdes gilt dasselbe wie für alle anderen Pferde: Je korrekter, desto besser, denn umso weniger werden Knochen, Sehnen und Gelenke durch die Last des eigenen Körpers und die des Reiters fehlbelastet. Ein besonderes Augenmerk wird der Dressurreiter auf die Fesselung legen: Kurze, steile Fesseln haben oft kurze, stauchende Bewegungen zur Folge. Lange Fesseln ermöglichen zwar einen besonders weichen Bewegungsablauf, sind aber anfälliger gegen Verschleiß. Wichtig ist, dass Sehnen und Gelenke gut markiert und trocken sind. Veränderungen wie Gallen oder Knochenauftreibungen deuten auf bestehende Schäden hin.

Untersuchungen haben ergeben, dass Pferde mit kurzen Röhrbeinen leichter einen gestreckten, starken Trab gehen können als Pferde mit langen Röhren.

Rücken

Erwünscht ist ein leichtes Rechteckformat. Als Faustregel gilt: Die Strecke Buggelenk bis zum äußersten Punkt der Hinterhand soll etwas länger sein als das Stockmaß (höchster Punkt des Widerrists zum Boden). Ein kurzer Rücken ist oft stramm und wenig schwingend, ein zu langer und in der Lendenpartie flacher („matter") Rücken erschwert das Herantreten der Hinterhand und ist von Natur aus nicht besonders tragfähig.

Die Lende, das Verbindungsstück zwischen Rücken und Kruppe, soll kurz, kräftig und gerade sein. Unerwünscht ist an dieser Stelle eine Aufwölbung, der sogenannte Karpfenrücken. Solche Pferde sind schwer zum Schwingen zu bringen.

Das meinen die Experten

Klaus Balkenhol
(Trainer der US-Dressurmannschaft)

FOTO: FRIELER

„Charakter, Temperament, Lernfähigkeit und eine gewisse Sensibilität sind für mich die wichtigsten Kriterien. Und natürlich hervorragende Grundgangarten. Wenn ein Pferd das für die Dressur geeignete Exterieur hat, ist es meist auch schön. Eine gewisse Größe, passend zum Reiter, ist wichtig."

Holger Schmezer
(Bundestrainer der deutschen Dressurreiter)

FOTO: TOFFI

„Geschmeidige Bewegungen rangieren für mich ganz oben. Außerdem schätze ich Nerv und Intelligenz. Es gibt Pferde, denen sieht man schon an, dass sie doof sind. Das Exterieur spielt für mich eine untergeordnete Rolle. Das Pferd muss was hermachen, schließlich soll es das große Viereck füllen."

Ulla Salzgeber
(Europameisterin, Mannschafts-Olympiasiegerin, Weltmeisterin)

FOTO: TOFFI

„Hervorragende Grundgangarten – im oberen Fünftel – sind eine Grundvoraussetzung. Dabei lege ich am wenigsten Wert auf den Trab, weil man den noch verbessern kann. Aber Galopp und Schritt müssen schon vorhanden sein. Und Schönheit finde ich wichtig – ich muss jeden Tag mit dem Pferd umgehen, ich will in ein schönes Pferdegesicht mit großen Augen gucken. Des Weiteren entscheidet das Reitgefühl. Ungerittene junge Pferde zu kaufen, habe ich mir abgewöhnt. Wichtig ist mir ein weiches Gefühl in der Hand, weiche Schwingung im Rücken. Auch das junge, noch wenig gerittene Pferd sollte schon auf den Reiter reagieren, wenn auch nur bei einfachen Übungen, zum Beispiel beim Übergang vom Trab zum Schritt. Das darf nicht eine halbe Runde dauern, da muss gleich eine Reaktion kommen. Außerdem reite ich lieber Wallache als Stuten. Sie brauchen einen ständigen Reiter, immer dieselbe Bezugsperson, die sich mit ihnen beschäftigt und das ist in meinem Stall manchmal schwierig darzustellen."

Lisa Wilcox
(Vize-Weltmeisterin mit der Mannschaft und WM-Fünfte in Jerez)

FOTO: TOFFI

„Der Charakter ist das A und O bei einem Dressurpferd. Die müssen super im Kopf sein, sonst kann ich mit ihnen nichts anfangen. Gebäudefehler kann ich verzeihen, Mängel des Interieurs nicht. Wichtig sind ein guter Schritt und ein guter Galopp, den Trab kriegt man hin. Natürlich reite ich am liebsten Hengste, schließlich habe ich mit ihnen, wie Relevant und Royal Diamond meine größten Erfolge. Sie liegen mir einfach besonders, mehr als Stuten oder Wallache."

Hinterhand

In der Kruppe und im Hinterbein sitzt der Motor des Pferdes. Hier werden Schwung und Schubkraft entwickelt. Eine gut bemuskelte Kruppe, die sich freilich oft erst im Laufe der Arbeit entwickelt, verspricht energische Bewegungen. Die Kruppe soll leicht abschüssig, olivenförmig sein. Eine zu steil abfallende („abgeschlagene") Kruppe entwickelt wenig Schwung aus der Hinterhand; die früher verbreitete gerade kurze Kruppe mit hohem Schweifansatz steht oft in Verbindung mit einem steifen Hinterbein.

Der Schweif soll frei getragen werden. Eingeklemmte oder hoch erhobene Schweife verraten Verspannungen, ebenso schief getragene Schweife, die darüber hinaus noch hässlich aussehen.

Wichtig für den Dressurreiter ist die Stellung des Hinterbeins. Ein im Sprunggelenk kaum gewinkeltes, gerades Hinterbein ist ungünstig für die Versammlung, wie auch ein nach hinten herausgestelltes Hinterbein, das nur mit Mühe unter den Schwerpunkt tritt. Das kleinere Übel für ein Dressurpferd ist die so genannte säbelbeinige Stellung mit einer starken Winkelung des Hinterbeins. Zwar sind solche Hinterbeine verschleißanfälliger, kommen aber der versammelnden Arbeit entgegen.

Bewegungen

Viel wichtiger als das äußere Erscheinungsbild des Dressurpferdes ist die Art und Weise, in der es sich bewegt. Alle drei Grundgangarten müssen natürlich taktrein sein: Viertakt im Schritt, Zweitakt im Trab, Dreitakt im Galopp. Aber diese Mindestanforderungen reichen noch nicht für ein gutes Dressurpferd aus.

Im Schritt sollten die Hinterbeine etwa zwei Hufbreit über die Spur der Vorderbeine fußen. Hieß es lange Zeit, das Pferd könnte gar nicht weit genug überfußen, so sind Dressurreiter heute anderer Ansicht: Ein zu langer Schritt kann im Laufe der Ausbildung an Takt verlieren und zum Pass tendieren. Wie bei einem Kamel setzen dann die beiden gleichseitigen Beine gleichzeitig auf – ein gravierender Fehler, der nur schwer zu korrigieren ist. Der Schritt soll federnd und fleißig sein.

Der Trab, von Züchtern und Pferdehändlern realistisch auch die „Geldgangart" genannt, sollte bei einem Dressurpferd schon von Natur aus außergewöhnlich leichtfüßig, schwungvoll und raumgreifend sein. Zwar kann man den Trab anders als den

Schritt und Galopp noch sehr verbessern durch die Ausbildung, aber was schon da ist, muss man nicht mehr anreiten, sagen sich viele Ausbilder und greifen lieber zu einem trabenden Naturtalent. Gut ist der Trab, wenn nicht nur das Vorderbein weit ausschwingt, sondern die Hinterhand aktiv unter den Schwerpunkt tritt, woran mehrere Gelenke beteiligt sind: Hüftgelenk, Kniegelenk und Sprunggelenk.

Eine mäßige Knieaktion, bei der das Vorderfußwurzelgelenk deutlich angewinkelt wird, ist erwünscht, weil es die Lektionen Piaffe und Passage erleichtert. Pferden mit sehr hohem Knie fällt es schwer, im starken Trab „die Beine lang zu machen". Früher modern, aber heute unerwünscht ist ein flacher Trab mit gestrecktem Voderbein, weil solche Pferde oft steil in der Schulter sind und Probleme mit Piaffe und Passage bekommen.

Der Galopp ist schon deswegen wichtig, weil viele schwierige Dressurlektionen, wie Pirouetten, Fliegende Wechsel und Traversalen im Galopp verlangt werden. Auch der Galopp sollte nicht zu flach sein. Die Art und Weise, wie ein junges Pferd beim Freilaufen galoppiert, sagt viel über seine Eig-

FOTO: ERNST

Einer der wenigen Vollblüter, die es bis zu Grand Prix-Erfolgen brachten, war der von Monica Theodorescu ausgebildete Arrak, der über einen bei Vollblütern nicht häufig zu findenden ausdrucksvollen Trab verfügte. Vom Reiter wird in der Ausbildung besonders viel Geduld und Feingefühl verlangt.

nung als Dressurpferd aus. Galoppiert es in den Wendungen deutlich unter den Schwerpunkt, schon möglichst gerade, und nimmt sich dabei auf, springt es beim Richtungswechsel spielerisch sauber in den anderen Galopp, dann hat der Reiter später die halbe Arbeit. Pferde hingegen, die unausbalanciert dahinstürmen, brauchen unter Umständen eine lange Zeit, bis sie unter dem Reiter gesetzt galoppieren können.

Innere Werte

Die inneren Werte eines Dressurpferdes werden sich oft erst im Laufe der Arbeit herausstellen. Gehlust und Arbeitsbereitschaft sind wichtige Voraussetzungen für die Ausbildung. Triebige Pferde, die keinen Schritt freiwillig tun, sind keine Freude zu arbeiten, genauso wenig wie Pferde, die die Mitarbeit aufkündigen, das heißt, sich widersetzen, sobald die Arbeit mühsam wird. Allerdings zeichnet es auch den guten Ausbilder aus, dass er weiß, wie weit er gehen kann, ohne das Pferd zu provozieren.

Innere Ruhe und Gelassenheit sind wichtig, um sich auf die Arbeit zu konzentrieren. Dabei soll das Pferd so feinfühlig sein, dass der Reiter mit leichten Hilfen auskommt. Wie bei Menschen sind die genialsten Pferde oft nicht die einfachsten. Das willige Verlasspferd, das durch nichts zu erschüttern ist, ist selten die sprühende Persönlichkeit, die die Zuschauer verzaubert. Die besten Pferde – das gilt nicht nur für die Dressur – sind oft nicht die einfachsten. Sie brauchen Reiter, die sie verstehen und auf ihre Seite bringen. Nur dann kann das Pferd sein ganzes Talent entfalten.

Iberische Pferde haben meist eine hohe Knieaktion – günstig für Piaffe und Passage.

FOTO: TOFFI

Was haben der Riese Come On und die edle Blutzicke Halla, der Athlet For Pleasure und der Gummiball Cruising gemeinsam? Sie waren oder sind phantastische Springpferde und könnten doch verschiedener nicht sein.

Das Springpferd

Ratina: Die hannoversche Ramiro-Tochter war eines der gewinnreichsten Springpferde ihrer Zeit. Ratina sprang stets ökonomisch, dabei aber ehrgeizig und bemüht, keinen Fehler zu machen.

FOTO: FRIELER

Halla: Die „Wunderstute", mit der Hans Günter Winkler 1956 in Stockholm zwei olympische Goldmedaillen gewann, hatte einen Traber zum Vater und eine französische, hoch im Blut stehende Mutter. Auffallend sind die großzügigen Linien und die gut gewinkelte Kruppe der hochedlen Stute.

Roman: Mit dem Westfalen v. Romadour II wurde Gerd Wiltfang 1978 Springreiter-Weltmeister. Der mächtige Braune, dessen in der Nierenpartie leicht nach oben gewölbter Rücken nicht dem Ideal entspricht, blieb nur wenige Jahre im Sport. Bereits mit zwölf Jahren endete seine aktive Karriere.

Come On: Der Holsteiner v. Cantus war trotz seiner Masse im Parcours leicht zu handhaben, wie er unter der jordanischen Prinzessin Haya immer wieder zeigte. Sein Vermögen war abstammungsgemäß schier unbegrenzt. Inzwischen wird der Schimmel wieder zur Zucht eingesetzt.

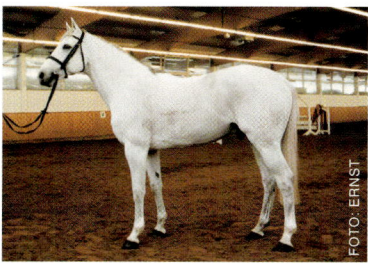

Cento: Der Holsteiner v. Capitol I leistet in Sport und Zucht gleichermaßen Außergewöhnliches. 2002 gewann Otto Becker mit ihm das Weltcupfinale in Leipzig. Er hat bereits eine Anzahl von Nachkommen im Sport, sowie gekörte Söhne und prämierte Töchter.

Auf den ersten Blick sieht man einem Pferd im Stand nicht an, ob es springen kann oder nicht. Es gibt fast keinen Gebäudefehler, der Springvermögen ausschließt und für den es nicht das Beispiel irgendeines berühmten Pferdes gibt, das trotz dieses Mangels große Klasse war. Allerdings gibt es Gebäudemerkmale, die sich erfahrungsgemäß besonders häufig bei guten Springpferden finden.

In der Bewegung erkennt der Fachmann schon mehr, ob sich das Pferd für den Beruf über die Stangen eignet, aber erst im Freispringen, wenn das Pferd allein, ohne Sattel und Reiter, eine Hindernisfolge überwindet, lässt sich erkennen, ob Springtalent vorhanden ist. Und wirklich sicher kann sich der Reiter erst sein, wenn das Pferd unter dem Sattel genauso gut springt wie ohne, möglichst noch besser.

Pedigree

Leute, die berufsmäßig mit Springpferden zu tun haben, interessieren sich natürlich auch für die Abstammung. Es gibt in der europäischen Warmblutzucht ausgesprochene Springlinien, wie die des Almé (Frankreich), Cor de la Bryère (Holstein), Gotthard (Hannover), Landgraf (Holstein), Ramiro (Holstein), Polydor (Westfalen), Pilot (Westfalen), um nur einige zu nennen. Aus diesen Linien kommen immer wieder gute Springpferde. Ein Pferd mit einem Pedigree, das vor Springblut trieft, erregt die Aufmerksamkeit des Kenners zunächst natürlich mehr als ein Papier voller Nobodies, ist aber beileibe keine Garantie für ein Parcoursgenie. Ausschlaggebend ist der Eindruck, den das Pferd selbst macht. Zwar müssen auch Springpferde für ihren Beruf ausgebildet werden, aber das Vermögen, die Technik

und die Manier sind weitgehend angeboren. Die besten Springpferde sind die, die schon über das erste Cavaletti ihres Lebens mit Freude, Technik und Übersicht springen.

Gebäude

Springreiter bevorzugen ein nicht zu langes Pferd, eher im Quadrat- als im Rechteckformat stehend. Ein Pferd mit langem, womöglich weichem Rücken ist schlecht „zusammenzuhalten" zwischen den Sprüngen. Kurze Pferde gelten als wendiger und damit schneller in kurvenreichen Stechparcours. Wichtig ist auch die richtige Winkelung der Hinterhand, die weit unter den Schwerpunkt federn und dem Pferd ermöglichen soll, kraftvoll abzudrücken. Erwünscht ist eine mäßig abfallende, gut gewinkelte, lange Kruppe.

Das Hinterbein soll im Sprunggelenk nicht zu gerade sein, die Fesseln eher zu kurz als zu lang. Zwar gelten Pferde mit langen Fesseln als bequemer, weil die Bewegungen weicher und federnder sind, aber darauf

kommt es ja nicht an. Weiche Fesseln halten den enormen Belastungen beim Absprung und beim Landen, wenn für Sekundenbruchteile das gesamte Gewicht des Pferdekörpers erst auf den Hinterbeinen, dann auf den Vorderbeinen liegt, schlechter stand als kurze Fesseln, auch wenn die Bewegungen dann weniger federn. Insgesamt soll das Springpferd ein kräftiges Fundament mit klaren Sehnen und trockenen Gelenken haben. Als geringer Fehler gilt das „lose Vorderbein", dabei hängt das Pferd gewissermaßen im Vorderfußwurzelgelenk durch. Auch wenn es für den Laien nicht so aussieht: Solche Pferde halten oft ewig; länger als ihre Kollegen mit straffem rückbiegigen Vorderbein.

Gute breite Hufe mit kräftigem, gut nachwachsendem Horn sind ein Nonplusultra, da Springpferde fast immer beschlagen sind und im Eifer des Gefechts auch mal ein Eisen verlieren. Dann ist es schlecht, wenn jedes Mal so viel Horn wegbricht, dass der Schmied fast kein Eisen mehr unternageln kann. An diesem Mangel ist schon manche Karriere gescheitert, auch an zu engen Hufen, Zwanghuf genannt. Solche Pferde sind besonders anfällig für Hufrollenentzündung, eine

For Pleasure: Der Hannoveraner Fuchshengst, der den Franzosen Furioso II zum Vater hat, ist eines der erfolgreichsten Springpferde der Welt, gewann unter zwei verschiedenen Reitern, Lars Nieberg und Marcus Ehning, zwei olympische Mannschaftsgoldmedaillen. Auch seine Nachkommen machen sich im Sport einen Namen.

„Berufskrankheit" bei Springpferden sowie andere Schäden im Huf. Ein korrektes Fundament verspricht, wie bei allen anderen Verwendungsarten des Pferdes, eine längere Haltbarkeit.

Auch ein Springreiter bevorzugt ein Pferd mit einem schönen, gut angesetzten Reitpferdehals und einem leichten Genick, das fast von selbst in Haltung geht. Aber er wird ein Springtalent nicht stehen lassen, weil der Hals kurz, dick oder verkehrt herum aufgesetzt ist, ein Fehler, der es als Dressurpferd unbrauchbar machen würde. Solche Pferde

mäßig und raumgreifend soll er sein; kurze stöckerige Schritte verraten eine gewisse Steifheit. Das gilt für junge Pferde, die noch nicht allzu lange im Sport gehen. Schaut man sich die großen Turniere an, so sieht man erschreckend viele Pferde, die in kurzem, passartigen Schritt in den Parcours stöckeln und doch scheinbar mühelos den Kurs bewältigen. Der Schritt ist eben auch die Gangart, die sich in der Ausbildung am schnellsten verschlechtert, wenn kein Wert darauf gelegt wird.

Die wichtigste Gangart für das Springpferd

und schnell repetierender Galoppade, die auf den ersten Blick nach nichts aussieht, hängt im Stechen den großräumigen Galoppierer oftmals ab. Ein solches Pferd ist auch im Vorteil, wenn der Absprung mal nicht ideal passt, weil es leichter verkürzen oder einen „halben Galoppsprung" einschieben kann. Ein Pferd mit langem Galoppsprung hat nicht nur eine längere Flugphase über dem Sprung – die wiederum Zeit kostet – es kann auch nicht so leicht die Distanzen ausgleichen und ist darüber hinaus in den Kurven nicht so fix.

Cruising: Schon die Eltern des irischen Schimmelhengstes, mit dem Trevor Coyle 1999 den Großen Preis von Aachen gewann, waren im Springsport erfolgreich. Cruising hatte keine überragenden Grundgangarten, war aber am Sprung eine Klasse für sich.

Goldfever: Kein Pferd gewann in einem Jahr mehr Geld als der Hannoveraner v. Grosso Z, 705.000 Euro im Jahr 2002. In Ludger Beerbaum hat er seinen Meister gefunden. Der Fuchshengst gilt als dynamisch und genial, aber auch als schwierig und eigenwillig.

FOTOS: SCHREINER

benötigen allerdings mehr Ausbildungsarbeit, bis sie durchlässig und sicher an der Hand stehen. Können sie genug springen, aber nur dann, lohnt sich die Arbeit. Auch ein wenig ausgeprägter Widerrist verbunden mit einer schlechten Sattellage, bei der der Sattel nur schwer einen stabilen Sitz findet, eine steile Schulter oder Überbautsein – die Kruppe ist höher als der Widerrist – ist kein Grund, ein gutes Springpferd abzulehnen.

Bewegungen

Den nächsten Blick wirft der Springreiter auf die Bewegung des Pferdes. Hier kann er schon viel mehr sehen als im Stand. Der Trab ist dabei die Gangart, die ihn am wenigsten interessiert. Es gibt Zuchten wie die Iren oder die französischen Reitpferde, die viele Weltklasse-Springpferde hervorbringen, bei denen man kaum Pferde mit einem bemerkenswerten Trab findet. Allerdings ist ein energischer Trab mit einem kraftvoll abfedernden Hinterbein und einer gewissen Knieaktion immer ein gutes Zeichen. Nicht von ungefähr haben viele Klassespringpferde Traber unter ihren Ahnen. Wichtig ist der Schritt, er sagt viel über die Elastizität des Pferdes aus. Fleißig, takt-

ist natürlich der Galopp, in dem sich alles Wesentliche abspielt. Der Sprung über ein Hindernis ist ja zunächst nichts anderes als ein besonders großer Galoppsprung. Gewünscht wird eine energische, aber nicht hektische, rhytmische und elastische Galoppade, bei der das Hinterbein weit unter den Schwerpunkt springt. Ein solches Pferd hat keine Probleme, sich im Galopp zu tragen, das heißt, mit der Hinterhand Gewicht aufzunehmen und die Vorhand zu entlasten. Dann fällt es ihm auch leichter, sich zum Sprung vom Boden zu lösen als einem Pferd, das auf der Vorhand, „in den Boden hinein" galoppiert, womöglich noch in der Reiterhand das „fünfte Bein" sucht. Häufiges Springen in den Kreuzgalopp beim Freilaufen deutet auf Rückenprobleme hin. Pferde, die bei jeder Richtungsänderung von allein in den richtigen Galopp wechseln, haben auch unter dem Reiter wenig Probleme mit dem fliegenden Wechsel.

Der Springreiter wünscht sich den Galoppsprung nicht zu aufwändig. Die Riesengaloppade, die häufig in Reitpferdeprüfungen hohe Noten bringt, ist nicht ideal für ein Springpferd. Zum einen kostet der imponierende, hohe Galoppsprung Kraft, vor allem aber Zeit. Ein Pferd mit bodendeckender

Freispringen

Entscheidend ist es aber letztlich, wie sich das Pferd am Sprung zeigt. Das wird man bei einem jüngeren Pferd zunächst beim Freispringen beurteilen, während ältere, schon turniererfahrene Springpferde, also abgeklärte Profis, sich beim Freispringen häufig nicht besonders spektakulär zeigen. Um ein junges Pferd über dem Sprung zu beurteilen, müssen keine „Wochenendhäuser" aufgebaut werden. Im Gegenteil: Die Pferde, die mit solchen Abmessungen noch nicht vertraut sind, würden sich nur verkrampfen. Aussagekräftig ist ein Hindernis bis 1,20 Meter allemal. Dies mit einem Cavaletti als Einsprung drei bis vier Mal gesprungen, genügt, um die Springanlage zu beurteilen. Beim zehnten Mal ist das Pferd vielleicht schon müde und wird nicht mehr besser.

Außer dem reinen Sprung ist für den Experten aufschlussreich, wie das Pferd sich dem Hindernis nähert und es überwindet: Willig oder zögerlich? Hektisch oder mit Übersicht? Weiß es sich zu helfen, wenn der Absprung mal nicht passt? Ist es vorsichtig oder gleichgültig? Korrigiert es sich nach einem Fehler oder tritt es beim zweiten Mal die Stangen genauso ungerührt herunter wie beim ersten Mal? Er wird genau das Auge und das Ohrenspiel des Pferdes beobachten. Wirkt das Auge unruhig oder vertrauensvoll? Gehen die Ohren hektisch hin und her, werden sie vielleicht unwillig angelegt oder spitzt das Pferd aufmerksam die Ohren, wenn es sich dem Hindernis nähert? All das hilft dem Fachmann, ein Springpferd auch ohne Reiter zu beurteilen.

Der ideale Sprung

Die Springmanier ist ideal, wenn das Pferd mit tiefer Nase und aufgewölbtem Rücken (Bascule) springt, die Vorderbeine gleichmäßig und deutlich im Ellbogen- und Vorderfußwurzelgelenk anwinkelt, die Hinterbeine ebenfalls nach hinten anzieht. Ein „langes Hinterbein", das während des ersten Teils der Flugphase ohne und nur mit wenig Winkelung nach hinten herausgestreckt wird, führt leicht zu Fehlern. Unter den Bauch gezogene Hinterbeine verraten Verkrampfung und Unsicherheit. Vor allem über Hochweit-Sprüngen soll sich das Pferd „öffnen", das heißt, sich mit nach hinten angewinkeltem Hinterbein fliegen lassen. Besonderes Augenmerk wird der Vorderbeintechnik geschenkt, denn die meisten Fehler werden mit der Vorhand gemacht. Pferde mit „hängendem", das heißt zu wenig angewinkeltem Vorderbein sind selten gute Springpferde. Das gleiche

Das Freispringen sagt viel über das Springtalent des jungen Pferdes aus. Erwünscht ist, wie hier, ein deutlich angewinkeltes Vorderbein, sowie eine aufgewölbte Hals- und Rückenlinie (Bascule).

gilt für Pferde, die zwar die Vorderfußwurzelgelenke anziehen, aber nicht das Ellbogengelenk, und die Beine quasi unter den Bauch klappen. Unbeliebt, weil gefährlich, sind ungleich angewinkelte Vorderbeine.

Eine gute Bascule ist eine der wichtigsten Eigenschaften des guten Springpferdes. Es zeigt, dass es „mit dem ganzen Körper" springt und seinen Rücken benutzen kann. Zwar gibt es auch erfolgreiche Pferde, die mit durchgedrücktem Rücken springen, aber das sind eher die Ausnahmen. Ein Pferd, das von Haus aus schlecht basculiert, ist schwer umzustellen.

Noch wichtiger als die reine Technik sind die inneren Eigenschaften des Springpferdes. Es muss springen wollen, so einfach

ist das. Noch nicht einmal der beste Reiter der Welt kann ein Pferd, das nicht springen will, über einen Parcours zwingen. Es muss darüber hinaus vorsichtig sein und sich bemühen, den Kontakt mit den Stangen zu vermeiden. Ganz vorsichtige Pferde brauchen allerdings auch gute Reiter, die sie passend zum Sprung bringen. Kommen sie zu oft an die Stangen, verlieren solche Pferde schnell die Lust an ihrem Job.

Erforderlich ist daneben Kampfgeist und Intelligenz, gerade in den heutigen Parcours, mit ihren kniffligen technischen Aufgaben. Pferde, die in Mächtigkeitsspringen mühelos zwei Meter überwinden, sind fast nie dieselben Pferde, die einen Großen Preis mit seinen viel höheren Anforderungen an Intelligenz und Reaktionsvermögen gewinnen. Gehlust und Springfreude sind Grundvoraussetzungen, aber bei allem erwünschten Nerv auch eine gewisse Gelassenheit und Übersicht.

Darauf kommt es an:

Technik und Manier am Sprung:
- Bascule (tiefe Nase, Hals und Rückenlinie bilden einen nach oben gewölbten Bogen)
- Gleichmäßig in Ellbogen- und Vorderfußwurzelgelenk angewinkelte Vorderbeine
- energisch nach hinten angewinkelte Hinterbeine
- Geschicklichkeit in brenzligen Situationen

Innere Eigenschaften:
- Springfreude und Gehlust
- Vorsicht vor Stangenberührung
- Nerv und Kampfgeist
- Intelligenz
- Gelassenheit und Übersicht

Drei Mal gewann Rodrigo Pessoa mit dem französischen Fuchshengst Baloubet du Rouet den Weltcup. Doch manchmal spielt der Fuchs nicht mehr mit, dann ist auch ein Könner wie Pessoa machtlos.

Das Vielseitigkeits-pferd

Der klassische Typ des Vielseitigkeits-Vollblü-ters: Watermill Stream unter Bettina Hoy, Euro-pameisterin von 1997.

FOTO: TOFFI

Der hoch im Blut stehende Galoppierer meist englischer oder irischer Herkunft ist der Typ, der jahrzehntelang den internationalen Vielseitigkeitssport dominiert hat. In jüngster Zeit wandelt sich mit dem Sport auch der Pferdetyp: Der vierbeinige Mehrkämpfer muss auch genügend Gang für die Dressur, sowie Vorsicht und Springvermögen für den Parcours mitbringen.

Vielseitigkeitspferde müssen vieles können, was alles zusammen genommen wieder eine Spitzenleistung in sich ist. Ein gutes Vielseitigkeitspferd braucht einen guten Schuss Genialität, um in allen drei Disziplinen – Dressur, Gelände und Parcoursspringen – eine gute Figur zu machen.

Es muss über genügend Bewegung und Rittigkeit verfügen, um die Dressur nicht nur mit Anstand, sondern möglichst im Vorderfeld zu absolvieren. Es muss schnell galoppieren können, um das geforderte Tempo (650 Meter pro Minute auf der Rennbahn einer langen Prüfung, 450 bis 570 Meter pro Minute im Cross) einzuhalten. Es muss „wissen", dass es die rund 1,40 Meter hohen Buschhecken auf der Rennbahn nicht mit kräftezehrenden Gewaltsätzen überwindet, sondern sparsam durchwischt, was es wiederum bei den festen Hindernissen der folgenden Querfeldeinstrecke tunlichst unterlassen sollte. Es kann aber bei oben geschlossenen, breiten Oxern ruhig aufsetzen. Und im Parcoursspringen soll es wiederum jede Berührung der bunten Stangen vermeiden.

Auch an Temperament und Charakter werden auf den ersten Blick widersprüchliche Anforderungen gestellt. Gehorsam und gelassen soll das Vielseitigkeitspferd in der Dressur dem Reiter folgen. Im Gelände soll es mutig und mit Übersicht die Hindernisse angehen, ohne zu „heiß" zu werden. Am dritten Tag soll es sich nichts anmerken lassen, auch wenn der Muskelkater zieht, und jedes Hindernis im Parcours ganz vorsichtig überspringen. Denn diese Stangen fallen ja. Darüber hinaus braucht es eine eiserne Konstitution, ein kräftiges Herz und eine gute Lunge, stahlharte Sehnen und Gelenke; es muss sich nach Anstrengungen schnell erholen und darf nie müde werden. So weit das Ideal, das allerdings wie auch sonst im Leben selten ist.

Wer sich die Verfassungsprüfungen großer Vielseitigkeitswettbewerbe anschaut, dem fallen mehrere Dinge auf: Die Pferde sind selten zu dick, sondern in der Regel schon auf den ersten Blick als drahtige, durchtrainierte Sportler zu erkennen. Die üppigen Hälse der Dressurpferde sucht man meist vergebens und auch sonst sind Knochen zu sehen, die bei anderen Pferden in Speck verpackt sind. Vielseitigkeitspferde sind oft alles andere als hübsch, aber schauen meist mit einem großen, klugen Auge in die Welt. Und fast immer wird die Oberlinie durch einen prägnanten Widerrist geprägt, der die Aufhängung für Sehnen und Muskeln der Vorhand darstellt.

Die meisten Experten halten auch heute noch einen hohen Anteil von Vollblut für unabdingbar für ein Vielseitigkeitspferd, am liebsten 75 Prozent, wenn nicht mehr. Schließlich sind Vollblüter für schnelles Galoppieren gezüchtet wie keine andere Pferderasse. Geeignet für die Vielseitigkeit sind Vollblüter, die auch springen können und über genügend Gang für die Dressur verfügen. Allerdings müssen gerade beim Trab oft Kompromisse gemacht werden. Und die Versammlung fällt diesen Pferden häufig nicht leicht, abgesehen von nervlichen Problemen, die die Dressurarbeit erschweren. Kalibrige Pferde wiederum müssen mehr Eigengewicht schleppen, das belastet Knochen, Sehnen und Gelenke, und sie sind insgesamt oft schwerfälliger. Das schnelle Galoppieren, für das sie nicht geboren sind, zehrt an ihren Kräften, die ihnen dann an den Sprüngen fehlen. Dafür finden sich unter den warmblütigen Modellen häufiger Pferde mit Springtalent, die sich auch noch gut bewegen können.

Bis vor zehn Jahren konnte ein Pferd im Gelände vieles wieder herausholen, was es in der Dressur verloren hatte. Der typische Blüter war immer im Vorteil, wenn er denn nicht allzu nachlässig mit den bunten Stangen am dritten Tag umging. Aber die Vielseitigkeit hat sich verändert und damit auch das „Berufsbild" des Vielseitigkeitspferdes. Die Leistungen in der Dressur wurden im Laufe der Jahre immer besser, die Anforderungen sind gestiegen. Aber: Ausdrucksvolle „Dressurbewegungen", zum Beispiel ein ausdrucksvoller Trab, verschleißen sich schneller als ein praktischer Reisetrab.

Der Aufbau der Hindernisse ist immer technischer geworden, mit Ecken, extrem schmalen Sprüngen und schnell aufeinander folgenden Hindernissen in kurviger Linie, für die das Pferd deutlich aus dem Tempo ge-

Auch mit solchen Modellen konnte man vor fast 50 Jahren Olympiamedaillen gewinnen. Mit einer soliden Dressur auf dem Hannoveraner Trux von Kamax legte August Lütke-Westhues bei den Olympischen Spielen in Stockholm 1956 den Grundstein für zwei Silbermedaillen, eine in der Einzelwertung, eine in der Mannschaftswertung.

Ein Modell, von dem Vielseitigkeitsreiter träumen: ein kluges, edles Gesicht, ein gut angesetzter Hals, ein gewaltiger Widerrist, große Linien, straffe Textur, die Muskeln an der richtigen Stelle. Mit Be Fair wurde die Britin Lucinda Prior-Palmer weltberühmt, gewann unter anderem die Viersterne Prüfung in Badminton und wurde 1975 Europameisterin in Luhmühlen.

Mit dem Holsteiner Halbblüter Madrigal v. Marlon xx gewann Karl Schultz bei den Olympischen Spielen in Montreal 1976 Mannschaftssilber und Einzelbronze. Erst im Springen verlor er den Doppelsieg. Madrigal gewann fast immer die Dressurprüfung. „Da konnte ich die Punkte holen, denn im Gelände hatte Madrigal gegen die englischen Blüter keine Chance", sagt er.

Eine Legende des Vielseitigkeitssports ist der neuseeländische Rappe Charisma gleich mehrfach. Der knapp 1,60 Meter kleine Schwarbraune verhalf seinem Reiter Mark Todd zu zwei olympischen Einzelmedaillen, 1984 in Los Angeles und 1988 in Seoul. Sein Sieg begann jeweils mit einer sehr guten Dressur.

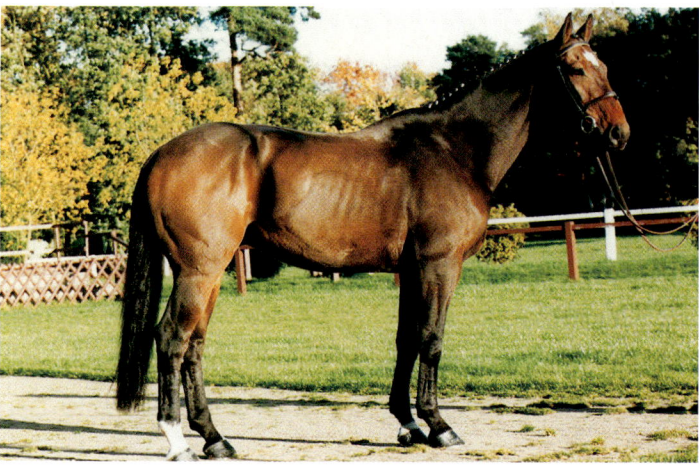

Nicht schön, aber Olympiasieger: Kibah Tioc Toc, mit dem der Australier Matthew Ryan 1996 in Atlanta die Goldmedaille gewann, ist eine Mischung aus Vollblut mit einem guten Schuss Hannoveraner Blut. Auch hier fällt der gewaltige Widerrist auf. Voll austrainiert, schleppt das Pferd kein Gramm unnötiges Fett mit.

FOTOS: ERNST

nommen werden muss. Der einzelne Sprung, aber erst recht Sprungfolgen, kosten mehr Muskelkraft als Hindernisse, die geradeaus aus flottem Tempo zu springen sind, wie es den Blütern liegt. Die athletischen Typen, die aus geringem Tempo mit Muskelkraft abdrücken können, haben wiederum Probleme, schnell genug zwischen den Sprüngen zu galoppieren, um die verlorene Zeit wieder einzuholen. Ein Dilemma, das dazu geführt hat, dass viele Pferde schon im Training wegen gesundheitlicher Probleme ausfielen.

Über kurz oder lang?

Deswegen und weil eine lange Prüfung einen hohen Kostenfaktor darstellt, der die Vielseitigkeit auch olympisch gefährdet, ist der Sport dabei, sich grundlegend zu verändern. Statt des ursprünglichen Härtetests für das Soldatenpferd mit dem Schwerpunkt Geländereiten, geht der Weg hin zum reiterlichen Mehrkampf, in dem die drei Disziplinen annähernd gleiches Gewicht bekommen, wobei das Gelände auch weiterhin die größte Rolle spielen sollte. Der Trend geht zur Kurzprüfung ohne Rennbahn und Wegestrecken, lediglich bestehend aus Dressur, Springen und Querfeldeinstrecke mit festen Hindernissen. Womöglich bleiben nur wenige lange Prüfungen, wie die Viersterne-CCI in Badminton, Burghley oder Lexington erhalten. Das wird auch den Typ der Pferde verändern, der in diesem Sport Erfolg hat. Mehr als früher ist neben dem erwünschten guten Galopp auch ein ausdrucksvoller Schritt und Trab für eine Dressur im vorderen Feld wichtig, sowie vermögendes, vorsichtiges Springen, um im Par-

> ### Darauf kommt es an:
>
> - Ausdauer und Nerv („Biss")
> - Intelligenz und Übersicht
> - Gesunde Konstitution (Hohe Belastbarkeit von Kreislauf, Atmungs- und Bewegungsapparat, schnelle Erholung)
> - Galoppiervermögen
> - Springvermögen
> - Drei gute Grundgangarten für die Dressur
> - Vollblutanteil mindestens 50 Prozent

cours nicht zu viele Fehler zu kassieren und die technischen Anforderungen der Geländehindernisse zu meistern. Die Galoppade ist immer noch ein bedeutender Faktor, aber in Kurzprüfungen ist nicht mehr der Fast-Vollblüter notwendig, sondern ein guter Halbblüter ist auch geeignet. Das wird womöglich auch Folgen für die Pferdezucht haben. Kaufen heute noch viele Buschreiter aus aller Welt ihre Pferde in England und Irland, sind die europäischen Warmblutzuchten aus Deutschland, Holland, Frankreich und Belgien sehr wohl in der Lage, solche Pferde zur Verfügung zu stellen. Ohne Vollblut wird es allerdings auch in Zukunft nicht gehen, denn Galoppiervermögen und Ausdauer sind Eigenschaften, die auch im reiterlichen Mehrkampf der Zukunft gefragt sein werden.

FOTO: TOFFI

Die Holsteiner Stute Brilliante v. Ricardo, mit der Inken Johannsen 2001 Vize-Europameisterin wurde, macht durch Kampfgeist, Intelligenz und Springvermögen wett, was ihr an reinem Galoppiervermögen fehlt. Sie führt für ein internationales Vielseitigkeitspferd relativ wenig Vollblut. Ihre Mutter ist eine Tochter des Vollblüters Follywise xx.

Das Fahrpferd

Fahren kann man im Prinzip mit jeder Rasse. Das Fahrpferd braucht keine besonderen körperlichen Voraussetzungen, es soll natürlich zu seinem Partner im Gespann passen. Aber es braucht einen goldenen Charakter und Nerven wie Drahtseile, um den sprichwörtlichen Karren immer und überall aus dem Dreck zu ziehen.

Die Marathon-Strecke für Vierspänner entspricht dem Cross in der Vielseitigkeit. Dafür sind kernige, austrainierte Pferde gefragt, die gleichwohl jeder Anweisung des Fahrers blitzschnell folgen.

FOTO: KROEHNERT

Der warme Geruch der Pferde liegt über dem Gespann, der tiefe Atem zeugt von großer Anstrengung – sie sind in vollem Einsatz. Das Kauen auf den Gebissen erklingt fast melodisch. Die Stangen knarren, die Eisen klappern geräuschvoll und rhythmisch auf dem Pflaster. Gelegentlich hört man das Knallen der Peitsche. Keine Bestrafung, sondern Hilfengebung und Kommunikation: Es herrscht eine vollkommene Harmonie zwischen Mensch und Tier, zwischen Fahrer und Gespann – so das Ideal, nach dem jeder strebt, der einen Bock besteigt, gleichgültig, ob er ein, zwei oder vier Pferde vor sich hat.

Für das Fahren in jeder Form, in der Antike als Wagenrennen, später zum Transport von Lasten und Menschen oder heute als eine eigenständige Disziplin im Freizeit- wie im Leistungssport, war die Voraussetzung das passende Gespann – sowohl zwischen den Tieren als auch zwischen Fahrer und Pferd.

Mehr als in anderen Pferdesportdisziplinen entscheidet der Charakter des Pferdes darüber, ob es sich für den Beruf des Fahrpferdes eignet. Ein Fahrpferd braucht Nerven wie Drahtseile, es muss mit stoischer Ruhe hupende LKW und vorbeibrausende Intercity-Züge ertragen, aber trotzdem sensibel genug sein, blitzschnell auf die Hilfen des Fahrers einzugehen, der zum Beispiel beim Vierspänner mehrere Meter weit entfernt sitzt. Verliert ein Dressurpferd die Fassung, hat der Reiter Pech gehabt und wird nicht

Hackneys mit der auffälligen Knieaktion sind Hingucker bei vielen Schauwettbewerben und vor allem in England beliebt.

FOTO: MOOR

platziert. Gehen einem Fahrpferd die Nerven durch, wird es lebensgefährlich für den Fahrer, andere Verkehrsteilnehmer und die Pferde selbst. Nicht zu vergessen die teuren Kutschen, die zu Bruch gehen können.

Vielseitig begabt

Das Fahrpferd muss besonders vielseitig begabt sein. Für die Dressur muss es einen raumgreifenden Schritt und einen taktmäßigen, schwungvollen Trab mitbringen, für das Hindernisfahren sind Geschick und Präzision wichtig, im Gelände stehen Kraft und Ausdauer an oberster Stelle.

Im Grunde ist es gleichgültig, welche Rasse vor dem Wagen trabt: Auf den Turnieren sieht man neben Hannoveranern und Ol-

denburgern auch Friesen oder Freiberger. Der Fahrsport mit Ponys gewinnt als kleinere, weniger kräftefordernde und billigere Alternative immer mehr Freunde. Und vor dem Wagen des Freizeitfahrers sieht man alles, vom Kaltblüter über sämtliche Ponyrassen bis zum ausrangierten Renntraber.

Die Pferde eines Gespanns sollten einigermaßen zusammenpassen, in Rasse, Größe, Farbe und Art der Bewegung. Am schönsten ist es natürlich, wenn alle Pferde dieselbe Farbe haben. Früher galt die Regel, dass Braune nur mit Braunen zusammengespannt wurden, Schimmel und Rappen untereinander und auch mit Füchsen kombiniert werden konnten. So streng sind die Sitten heute nicht mehr, gerade auch im Leistungssport wird der Fahrer auf andere Kriterien Wert legen als auf die Farbe. Hier sind Mut und Ausdauer der Tiere gefragt. Ein gewisser Nerv ist wichtig, wobei sich dies oft erst im Laufe der mehrjährigen Ausbildung entwickelt. Fahrprofis wie Michael Freund oder Christoph Sandmann bevorzugen deshalb Pferde mit einem guten Anteil Vollblut, ohne Rücksicht auf Rasse oder Abstammung.

Bei aller Größen-, Farb- und Rassenvielfalt ist eine Gangart besonders wichtig: der Schritt. Dies wusste schon Oberst Waldemar Seunig. Was er in seinem Standardwerk über die Ausbildung des Reitpferdes „Von der Koppel bis zur Kapriole" schrieb, gilt auch für das Fahrpferd: „Bekanntlich ist der Schritt diejenige Gangart, die sich durch Kunst und Erziehung am wenigsten verbessern lässt. Die Fähigkeit zu weitem Raumgriff ist zum größten Teil in der Lagerung der Gelenke begründet und daher angeboren". Ähnlich wie das Reitpferd versprechen bestimmte Exterieurmerkmale auch besondere Eignungen für den Sport. Die schräge Schulter begünstigt einen lan-

Haflinger sind ideale kleine Fahrpferde – und passen fast immer zusammen.

FOTO: MODI

Zum Fahren geboren: Schweres deutsches Warmblut im Einspänner.

FOTO: ERNST

gen, raumgreifenden Schritt. Ein langer, gut aufgesetzter Hals mit viel Ganaschenfreiheit und einem nicht zu tiefen Halsansatz sowie ein markanter Widerrist (damit das Geschirr gut sitzt) sollten dem Pferd ebenfalls gegeben sein, damit es sich stolz und erhaben tragen kann. Das Fundament sollte kräftig und korrekt sein, die Hinterhand für genügend Hub- und Schubkraft gut bemuskelt.

Schnelle Jucker, stolze Karrossiere

Das Exterieur richtet sich auch nach dem Einsatzgebiet des Fahrpferdes: Im Leistungssport ist ein nicht zu großes, wendiges Pferd gefordert. Vorbild sind die ungarischen Jucker, heute meist Warmblüter im Reitpferdetyp, um 1,65 Meter Stockmaß. Für Schauen haben die alten Karossier-Rassen eine Renaissance erlebt. Sie sind zwar nicht so wendig und ausdauernd, aber beeindrucken durch Eleganz und Harmonie, ein Kriterium, das im Fahrsport durch Traditionswettbewerbe wieder neu zur Geltung kommt! Von Schau-Karossiers wird ein stolzes, erhabenes Auftreten erwartet. Für die geforderte hohe Aktion der Vorderbeine sind lange Röhren von Vorteil, ein hoher Halsansatz erleichtert die Aufrichtung. Da die Haltung des Pferdes im Vordergrund steht, müssen andere Elemente, die beispielsweise für die Dressur wichtig sind, nicht zwingend erfüllt werden. So darf die Schulter auch mal etwas steiler sein, ein relativ langer Rücken sowie eine flachere Kruppe sind auch tolerierbar. Auch Schaupferde müssen scheufrei und verträglich im Temperament sein, aber man soll ihnen auch ansehen, dass sie sich gerne präsentieren. Für solche Shows sind die typischen Warmblutrassen eher

ungeeignet. Gern gesehen sind dagegen Rassen wie die schweren Altkladruber, die sich durch ihr mächtiges Auftreten in schwarzer und weißer Jacke hervortun, oder die Friesen, die die tänzerische Selbstdarstellung durch einen hohen Anteil an spanischem Blut quasi in die Wiege gelegt bekommen haben. In runder Aktion und federnder Bewegung macht der Andalusier mit viel Aufsatz und Leichtigkeit ein gutes Bild auch vor dem Wagen.

Die recht kleinen (um 150 Zentimeter Stockmaß), durch ihre enorme Knieaktion sehr auffälligen Hackneys gelten ebenfalls als Selbstdarsteller. Mit unnatürlich hoch getragenem Schweif

und übertriebener Knieaktion (die durch schwere Eisen noch verstärkt wird) galt der Hackney ursprünglich als leichtes Gebrauchskutschpferd, exaltierte später allerdings zum reinen Showtraber. Ihn gibt es auch noch in Miniaturausgabe mit einem Ponymaß von circa 140 Zentimetern Stockmaß.

Bei den Ponyrassen überwiegen im Wettkampf die Reitpferdeeigenschaften im Kleinformat: Hier findet man besonders häufig das Welshpony, ein elegantes, wendiges und oft bewegungsstarkes Fahrpony. Weniger bewegungsstark, dafür aber ein absoluter Hingucker sind die Shetlandponys. Mit ihren kurzen Beinen und eifrigen Schritten sind sie häufig als Vierer- oder Sechsergespann zu sehen. Sie sind besonders flink. Die Haflinger, die kleinen Blonden aus Tirol, haben sich in allen Bereichen des Fahrsportes, nicht nur bei den Freizeitfahrern, ihren Platz erobert.

Darauf kommt es an:

- Sehr guter Schritt, schräge Schulter
- Ausgeglichenes Temperament
- Gut aufgesetzter Hals
- Ganaschenfreiheit
- Markanter und kräftiger Widerrist (für den Sitz des Geschirrs)
- Kräftiges und korrektes Fundament
- Gut bemuskelte Hinterhand für die Hub- und Schubkraft

Auch bei den Friesen gibt es keine Passerprobleme: Alle sind schwarz, haben lange Behänge und keine Abzeichen. Sie eignen sich für Shows wie auch für den Leistungsfahrsport.

FOTO: SCHWÖBEL

Das klassische Barock-
pferd ist der Lipizzaner,
der auch außerhalb der
Spanischen Hofreit-
schule eine große Fan-
Gemeinde hat.

FOTO: SCHELLHAMMER

Das
Barockpferd

*Die „barocke" Reitweise in
schönem Outfit auf leichtfüßig,
die schwersten Lektionen aus-
führenden Pferden findet immer
mehr Freunde. Einige Rassen
sind dafür prädestiniert – auf ihnen paradierten schon Kaiser
und Könige.*

Wie der Name „Barockpferd" entstand,
ist nicht ganz klar. Vielleicht deswegen, weil auf zahlreichen Darstellun-
gen aus dem 17. und 18. Jahrhundert, meist
aus dem höfischen Leben, Pferde zu sehen
sind, die wie unsere heutigen Barockpferde
aussehen: Mit wallenden Mähnen und stolz
gebogenen Hälsen, Körper und Beine kunst-
voll in Lektionen der Hohen Schule ver-
strickt. Tatsache ist: Barockpferde liegen im
Trend, heute mehr denn je. Seit den 80-er Jahren haben die zum Teil viele hundert Jahre alten Kulturrassen – Andalusier, Lusitanos, Li-

pizzaner, Knabstrupper, Friesen und andere –
auch außerhalb ihrer eigentlichen Zuchtge-
biete immer mehr Freunde gefunden. Ein
ganz eigener Sportzweig hat sich entwickelt
mit diesen Pferden, die so begabt sind für die
Hohe Schule, dass man nicht Olympiareiter
sein muss, um die schwierigsten Übungen
wie Piaffe und Passage und sogar die Schulen
über der Erde wie Pesade und Levade reiten
zu können. Und das oft in bunten, fantasie-
vollen Outfits, die sich so recht vom strengen
Schwarz-Weiß des konventionellen Turnier-
sports abheben.

Die Wurzeln der meisten Barockpferde liegen auf der iberischen Halbinsel, von wo ausgehend spanische Pferde die Zucht in ganz Europa beeinflusst haben. Als eine der wenigen erhaltenen, nahezu rein gezüchteten Landrassen gelten die niederländischen Friesen, ausnahmslos Rappen, die einige Tierzuchtexperten zu den Kaltblütern rechnen, unter anderem aufgrund ihrer langen Fesselbehänge, die sich vor allem bei den Nachfahren des Urtyps II, des Urkaltblüters, finden. Friesenfreunde hören das nicht so gerne, letztlich ist die Diskussion um die korrekte Bezeichnung der herrlichen stolzen Rappen ja auch müßig.

Alle unsere heutigen Pferde sind einerseits Nachfahren der vier Urtypen (Urpony, Urkaltblüter, Steppenpferd, Araber), so jedenfalls eine in der Wissenschaft weithin anerkannte Theorie. Auf der anderen Seite sind sie Produkte des Menschen, der sie seit vielen tausend Jahren nach seinen Zwecken selektierte und vermischte, quasi modellierte. So entstanden Kaltblutpferde für die schwere Feldarbeit, wendige Kavallerie und schwere Artilleriepferde für den Krieg, praktische Fahrpferde, stolze Karossiers.

Andalusier im „Spanischen Schritt".

Die Barockpferde sind häufig Nachfahren königlicher Rösser, die für Ritterspiele, Schauvorführungen und Paraden gezüchtet wurden. Man kann sagen, sie verkehrten eigentlich immer schon in den besten Kreisen, auch wenn viele von ihnen ihre Arbeit beim Rinderhüten taten oder immer noch tun. Oder wie die Friesen als bodenständige Bauernpferde ihren Dienst jahrhundertelang in der Landwirtschaft versahen.

Bent Branderup, Vorreiter der Barocken Reitkunst in Europa, auf seinem Knabstrupper in der Levade.

Auf der iberischen Halbinsel werden die Lusitanos, und heute auch wieder die Andalusier, für den berittenen Stierkampf gezüchtet. Gerade diese iberische Nationalleidenschaft erfordert ein wendiges, ausbalanciertes und reaktionsschnelles Pferd, das sich leicht versammeln lässt und sich auf dem berühmten Teller drehen kann, im Sekundenbruchteil den Reiterhilfen folgt und „ahnt", was der Stier als Nächstes tun wird. Barockpferde haben einige äußerliche Gemeinsamkeiten, die bei der einen Rasse stärker, bei der anderen schwächer ausgebildet sind, wie der lange Kopf mit der geraden, nach außen gebogenen Nasenlinie, besonders eindrucksvoll erhalten beim tschechischen Kladruber. Arabisierte Köpfe mit nach innen gebogener Nasenlinie deuten auf Kreuzungsprodukte hin, die in der Regel dem Rassestandard nicht (mehr) entsprechen. Gemeinsam ist diesen Rassen auch die deutliche Knieaktion, die den typischen „barocken" Bewegungsablauf, vor allem den erhabenen Trab, ermöglicht. Viele haben einen relativ kurzen Rumpf und eine kräftige, manchmal geteilte Kruppe. Und ihnen allen wird ein besonders gutmütiger, menschenfreundlicher Charakter attestiert, gepaart mit hoher Intelligenz, die sie für die Lektionen der Hohen Schule prädestiniert.

Darauf kommt es an:

- Langer Kopf mit oft konvexer, also nach außen gebogener Nasenlinie
- Hoch aufgesetzter, geschwungener Hals
- Dichte, oft gelockte Mähne, (die nicht verzogen werden sollte)
- Kurzer Rücken, kräftige Kruppe
- Häufig ein stark gewinkeltes Hinterbein

Die schwarzen Friesen, hervorgegangen aus einem uralten niederländischen Landschlag, zeigen sich als sehr gelehrig für die Lektionen der Hohen Schule.

Rassen für Barockfreunde

- Andalusier
- Lusitanos
- Friesen
- Berber
- Knabstrupper
- Kladruber
- Camarguepferde
- Sorraia

Volle Kraft voraus im Sliding Stop! Hinter diesem muskelbepackten Quarter Horse verbergen sich jede Menge Speed sowie ein freundlicher Charakter.

FOTO: LENZ

Auch wer nie ein Cowboy war, erkennt Westernpferde auf den ersten Blick an ihren beeindruckenden Muskelpaketen. Die brauchen sie, um sich so flink drehen und wenden zu können, dass dem Betrachter schwindelig wird.

Das
Westernpferd

Das Westernreiten in der heutigen Form wurde in den USA entwickelt, es ist eine typische Gebrauchsreiterei. Der Cowboy brauchte ein Pferd, mit dem er Rinderherden hüten und lenken konnte. Es musste nicht schön sein und keine Aufsehen erregenden Bewegungen haben, es musste aber gehorsam, klug und wendig sein. Es sollte über den gewissen „Cow Sense" verfügen, um beim Cutting, wenn ein Rind aus der Herde abgesondert wird, selbstständig mitarbeiten zu können. Gefragt ist auch Ausdauer, denn im

Laufe eines Tages sind oft viele Kilometer zurückzulegen.

An der Eroberung des „Wilden Westens" nahmen Siedler aus allen Teilen der Erde, meist aus Europa teil. Sie brachten ihre heimischen Pferde mit, vom irischen Pony, über den französischen Percheron, spanische Pferde aus Andalusien, aber auch schon englische Vollblüter, kreuzten, was zusammenpasste und die beste Arbeit versprach. Daraus entstanden die amerikanischen Rassen, die heute das Gros der Pferde bilden, die im Westernreiten, der zum sportlichen

Wettkampf stilisierten ursprünglichen Form der Cowboy-Arbeit, eingesetzt werden. Daneben hatte sich schon früh eine eigene Form von Rennsport etabliert: Die klassische Distanz ist die „Quarter Mile", also die Viertelmeile, für die die „Quarter Horses" gezüchtet wurden, die heute in aller Welt den Westernsport dominieren. Daneben haben sich als Farbzuchten die Appaloosas und Paint Horses etabliert, für die, abgesehen von der Farbe, dieselben Exterieurmerkmale gelten wie für die Quarter Horses.

Die bunten Pintos sind bei den Westernreitern besonders begehrt. Die Vielfalt in der Musterung gibt jedem Tier seinen individuellen Look. Das Exterieur sollte allerdings trotzdem dem Ideal nahe kommen. Deshalb sind eine kräftige Hinterhand und der kurze Rücken das Non-Plus-Ultra!

FOTO: LENZ

Das typische Western Horse misst zwischen 145 und 160 Zentimetern. Ein gutes Westernpferd ist auch für Laien schnell zu erkennen, und zwar vor allem an seiner außerordentlich kräftigen Bemuskelung an Hinterhand und Schulter, schon auf den ersten Blick vor Kraft strotzend, durch und durch kompakt. Dank der Vollblutzufuhr haben die meisten Westernpferde einen ausgesprochen hübschen und edlen Kopf mit kleinen beweglichen Ohren, großen Augen und Nüstern sowie breiter Stirn. Der Hals ist mittellang, eher tief angesetzt und wird auch waagerecht getragen. Eine Aufrichtung wie in der klassischen Dressur ist unerwünscht, Sie wäre auch schwierig, denn häufig sind die Pferde etwas überbaut, das heißt, die Kruppe ist höher als der Widerrist und fällt stark ab.

Der Widerrist ist von Muskeln eingepackt, der Rücken kurz bis mittellang; wichtig ist eine starke Nierenpartie. Ganz besonderen Wert legt man in der Westernreiterei auf ein korrektes, trockenes Fundament, das freilich im Verhältnis zu den Muskelmassen des Rumpfes oft etwas leicht wirkt. Die typischen Lektionen bei der Reining, der „Westerndressur", belasten vor allem die Sprunggelenke erheblich, die entsprechend stabil konstruiert sein müssen. Zwei Beispiele: Der Spin (rasantes Drehen auf der Stelle) oder der Sliding Stop, bei dem die Hinterbeine das gesamte Gewicht über eine Strecke von bis zu 20 Metern abbremsen. Für diese und andere Lektionen ist es wichtig, dass die Hinterhand Gewicht aufnehmen kann. Die Aktion der Vorhand soll flach und raumgreifend sein. Insgesamt ist das Westernpferd eher kurzbeinig mit kurzen Röhren, so dass der Schwerpunkt nahe am Boden liegt. Auch das erleichtert Spin, Sliding Stop und andere Lektionen der Westernreiterei.

FOTO: KROH

Darauf kommt es an:

- Kurzer Rücken
- Muskelbepackte Kruppe
- Kräftiger Hals
- Korrektes, trockenes Fundament
- Kurzbeinig, kurze Röhre
- Ausgeglichener Charakter

Ganz wichtig ist der Charakter eines Westernpferdes. Es muss ausgeglichen und intelligent sein, nur so kann es schon in jungen Jahren die Lektionen lernen, die in den Prüfungen abgefragt werden.

Auch wenn heute im rasant wachsenden Westernsport in erster Linie Quarter Horses eingesetzt werden, finden sich auch andere Rassen in dieser Sportart – soweit sie sich in Temperament und vom Gebäude her für die Anforderungen eignen.

Das Ideal! Der Hengst Elite Eldorado verkörpert alle Merkmale, die ein Quarter Horse mitbringen muss: Ein nicht allzu hohes Stockmaß, ein kurzer Rücken, eine gut bemuskelte Hinterhand, nicht allzu lange Beine mit klarem und trockenem Fundament sowie ein kräftiger, kurzer Hals, daran ein fein strukturierter Kopf mit ehrlichen Augen.

Das Rennpferd

Starvererber Surumu mit der Ausstrahlung des großen Champions.

FOTO: RUHL

Galopprennpferde, also englische Vollblüter, werden nicht nach ihrem Aussehen beurteilt, sondern nach ihren Leistungen auf der Rennbahn bzw. nach den Rennleistungen ihrer Vorfahren. Doch die Erfahrung zeigt, dass fast alle großen Cracks auch im Exterieur wenig Wünsche offen lassen.

They win in all shapes – Sie siegen in allen Formen. Dieser Spruch, der für viele Arten des Pferdesports gilt, stammt ursprünglich aus dem Rennsport. Genauso wenig wie man einem Pferd ansehen kann, ob es springen kann, garantieren bestimmte Exterieurmerkmale, dass ein Pferd schnell laufen kann. Rennpferde, und hier ist vor allem von Galopprennpferden die Rede, werden allein nach Leistung selektiert. Diese Leistung, so schnell wie möglich über eine Strecke zwischen 1200 und 2500 Metern zu galoppieren, beansprucht den Atmungs- und Bewegungsapparat wie keine zweite pferdesportliche Disziplin. Deswegen gilt die klassi-

sche Pferderasse, die für Galopprennen verwendet wird – der Englische Vollblüter – als das leistungsfähigste Pferd schlechthin. Ein junger Vollblüter, der noch nichts auf der Rennbahn bewiesen hat, ist noch schwerer zu beurteilen als ein junges Reitpferd. Deswegen spielt hier für den Ankauf oft das Pedigree die größte Rolle, vorausgesetzt das junge Pferd hat die Ausstrahlung, die man sich von einem Champion erhofft und hat keine Gebäudemängel, die seine Leistung womöglich beeinträchtigen. Wichtig ist auch die Aufzucht: Nur ein Vollblüter, der unter Seinesgleichen groß geworden ist, sich von Jugend an mit seinen Kameraden im Spiel gemessen hat und mit ihnen um

Im Galopp zeigt sich erst die Klasse des Rennpferdes, hier Sternkönig. Man beachte das Hinterbein, das weit unter den Schwerpunkt schwingt und das Vorderbein, das weit nach vorne ausholt.

Darauf kommt es an:

- Große Linien: schräge Schulter, lange Kruppe
- Korrektes, trockenes Fundament
- Kluges Gesicht mit großem Auge
- Langer, ausgeprägter Widerrist
- Ein interessantes Pedigree, das Rennleistung verspricht
- Aufzucht unter Gleichaltrigen
- Ausstrahlung und Souveränität

FOTO: RÜHL

die Wette gerannt ist, kann sich zu einem ehrgeizigen, kämpferischen Rennpferd entwickeln.

Obwohl nicht vorrangig nach Exterieurmerkmalen gezüchtet wird, stellt man fest, dass in klassischen Rennen die Pferde durchweg korrekt und frei von groben Gebäudemängeln sind. Das gilt besonders für das Fundament, denn hier wirken die Gesetze der Physik: Bei einer geraden, korrekten Beinstellung werden Knochen, Sehnen und Gelenke am schonendsten belastet. Am meisten aushalten müssen die Vorderbeine inklusive der Hufe, weswegen in diesem Bereich am wenigsten Kompromisse gemacht werden.

Ein trockenes Fundament, bei dem sich die Sehnen straff und deutlich unter der Haut abzeichnen, ohne Gallen, Knochenauftreibungen und andere Verformungen wünscht sich deswegen der Vollblutmann, ob Züchter, Besitzer oder Trainer. Dies ist auch ein wichtiges Kriterium für einen Vollbluthengst, der in der Reitpferdezucht eingesetzt wird. Denn Härte und Adel sind ja die Eigenschaften, die sich die Warmblutzucht immer wieder von den Vollblütern holen muss.

Trocken soll das ganze Pferd sein, mit deutlich markierten Muskeln und Adern, die sich unter der Haut abzeichnen – spätestens, wenn das Pferd etwas warm wird. Vollblüter haben eine dünnere Haut als Warmblüter, auch haben sie in der Regel

ein dünneres, feineres Langhaar, also Mähne und Schweif.

Adel soll auch das Gesicht ausstrahlen, nicht zu verwechseln mit einem „hübschen" Kopf. Ein englischer Vollblüter muss nicht wie ein Araber aussehen, viele Familien haben einen ausgesprochen langen Kopf, aber das Auge, groß und wach, soll Intelligenz und Aufmerksamkeit verraten. Pferde mit derben Köpfen haben es in der Vollblutzucht schwer, obwohl die Rennleistung damit nichts zu tun hat. Und in der Warmblutzucht werden sie ebenfalls nicht gerne genommen, denn schließlich holt man sich einen Vollblüter auch aus dem Grund, um die Reitpferde schöner zu machen.

Wichtig für ein Rennpferd ist eine breite Brust, die viel Raum für Lunge und Herz lässt und eine lange, möglichst schräg gelagerte Schulter mit einem hohen, weit in den Rücken reichenden Widerrist. Die Kruppe

soll lang und gut bemuskelt sein. Der Hals ist eher tief als hoch angesetzt, das ganze Pferd ist dafür gebaut, sich im Galopp extrem zu strecken.

Was wirklich in einem Rennpferd steckt, weiß man erst nach mehreren Monaten im Training. Dann erst stellt sich heraus, ob das Pferd über die nötige Härte und die wichtigen inneren Eigenschaften wie Kampfgeist und Treue verfügt, die zum Siegen notwendig sind. Zur Beurteilung der Bewegungsqualität des ungerittenen Pferdes bleibt in der Regel nur der Schritt, der lang und frei aus der Hinterhand kommen soll. Knicken der Hinterbeine und Drehen der Sprunggelenke deuten auf eine Schwäche in diesem Bereich hin.

Der Typ des Rennpferdes variiert nach den geforderten Leistungen. Während Langstreckenpferde in der Regel Araber oder Pferde mit hohem arabischen Blutanteil sind (siehe auch „Distanzpferde"), ist der klassische Galopper ein großrahmiger Blüter mit einem Stockmaß von 160 bis 165 Zentimetern. Dieser Typ hat auch in der Warmblutzucht in allen Disziplinen Härte und Adel verankert.

In den letzten Jahrzehnten hat sich aber im internationalen Galopprennsport der Typ gewandelt. Kompaktere Pferde mit stark bemuskelter Schulter und Kruppe, die an das Quarter Horses erinnern, haben sich vor allem auf Kurzstrecken durchgesetzt, die in Amerika einen großen Teil des Rennsports bestimmen. Am einflussreichsten ist dabei die Linie des Northern Dancer geworden, die in aller Welt klassische Sieger am laufenden Band hervorgebracht hat.

Große Linien, trockenes Fundament: Der Vollbluthengst Ashkalani.

Der Traber

Adern treten hervor, Schweiß glänzt im Licht, die Nüstern sind stark geweitet. Die Ohren liegen eng am Pferdekopf, der auf dem langen Hals in die Höhe ragt. Dicht an dicht in rasantem Tempo bilden Pferd und Fahrer eine Einheit. Das Ziel: Energie sparen – Zeit gewinnen. Szenen aus dem Leben eines Trabrennpferdes.

Eigentlich war Graf Orlow Tschesmensky im Jahre 1775 nur auf der Suche nach einem schnellen, trabsicheren Pferd für den Betrieb der Postkutschen. Ein Wagenpferd sollte es sein, das lange Distanzen, die im großen Russland an der Tagesordnung sind, leicht bewältigen kann.

So bot sich ein ausdauerndes und kräftiges Pferd als Transportmittel an. Durch Erfahrungen wusste er: Der Trab ist die ökonomischste Gangart. Aus einer Warmblutstute und einem Araberhengst „schuf" der Namensgeber der ältesten und wohl bekanntesten Traberrasse der Welt den ersten Orlow-Traber, den Hengst Polkan I. Eigentlicher Stammvater aller Orlows und Begründer der Rasse ist allerdings sein Sohn, der Schimmelhengst Bars I. Charakteristisch für diese Rasse ist ein mittleres Stockmaß (um 160 Zentimeter), ein langer Kopf, zuweilen mit Ramsnase, auf einem langen Hals mit steiler Schulter, ein langer, schmaler Rumpf, abfallende Kruppe und kräftige Gliedmaßen. Letzteres Kriterium war wichtig, um ausdauernd und sicher traben zu können. Das Aussehen war zweitrangig. Auch heute noch gehören diese Merkmale zu

Die gewinnreichste deutsche Traberstute aller Zeiten heißt Double Crown. Neben Schnelligkeit und Trabsicherheit verkörpert sie zudem Dynamik und Bewegungseleganz. Für Traberfans der Idealtyp.

FOTO: ARCHIV A. SCHOCKEMÖHLE

den obersten Zuchtzielen in den Traberhochburgen Russland, Amerika und Frankreich, in denen in erster Linie nach Rennleistung und nicht nach Schönheit selektiert wird. Deshalb variiert das Exterieur unter den Rassen stark.

Für den hohen Leistungsanspruch, der von den Pferden viel Taktsicherheit und Gefühl für Balance erfordert, sind ein korrektes Fundament, stabile Gelenke und solide Hufe besonders wichtig. Das ausschließlich auf die Trableistungen gezüchtete Pferd bewegt sich in weit ausholenden Tritten mit einer langen Schwebephase; die Hinterhand ist steil. Sie ist der Motor und somit sind die Hinterbeine auch die aktivsten Gliedmaßen. Sie sollten mit einem breiten und tiefen Sprunggelenk ausgestattet sein. Weniger Einfluss auf das Traben nimmt die Oberlinie des Pferdes. Dementsprechend wird auch züchterisch kaum Wert auf die Komposition von Hals, Rücken und Kruppe gelegt.

Richtungweisende und einflussreichste Rasse im Trabrennsport sind die amerikanischen Standardbreds, bei denen der Einfluss des Englischen Vollbluts dominiert. Sie lassen sich in den trabenden Trotter

und in den Pacer unterteilen, der im Rennpass läuft. Aufgrund der recht kurzen Renndistanzen in den USA von einer bis einer halben englischen Meile (eine englische Meile sind 1542 Meter) hat sich ein kleiner, muskulöser Sprintertyp mit einem Stockmaß von 150 bis 160 Zentimetern durchgesetzt. Bei den Trottern können Bestzeiten von knapp einer Minute pro Kilometer erreicht werden; bei den Pacern sind auch schnellere Zeiten nicht selten. Kleine Taktunsicherheiten bedeuten jedoch den Verlust wichtiger Hundertstelsekunden; ein versehentliches Angaloppieren kann schnell zur Disqualifikation führen. Untersuchungen haben ergeben, dass Pferde in Quadratformat mit leicht überbauter Hinterhand die schnellsten sind. In Amerika entstand für die überbaute Kruppe der Ausdruck „trotting pitch" (frei übersetzt „Traberkruppe"). Neben der Trabsicherheit ist die Frühreife beim amerikanischen Standardbred wichtig, denn je früher das Pferd in den Rennsport einsteigt (meist zweijährig), desto eher verdient es seinen Hafer. Durch die

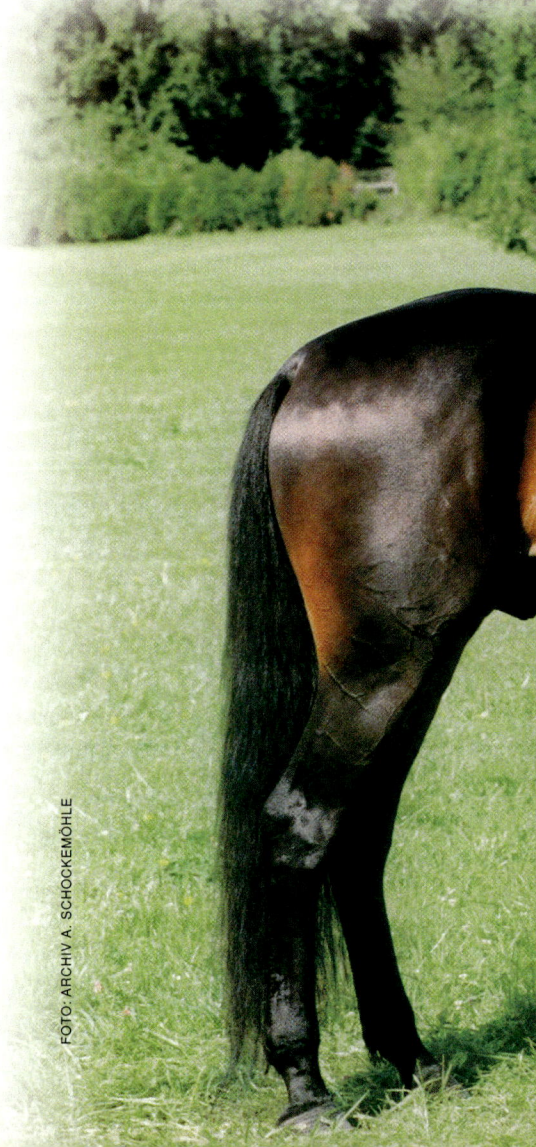

FOTO: ARCHIV A. SCHOCKEMÖHLE

Zucht auf Frühreife gehören Amerikas „Speed"- Traber zu den schnellsten, wenn auch nicht zu den schönsten Trabern weltweit. Ihr volles Mähnen- und Schweifhaar sowie ihre dunkelbraune bis schwarze Jacke lassen den Einfluss des Morganhorse erkennen, das sich in Größe, Farbe und Behang stark durchgesetzt hat. Die wenigen Schimmel und der Ramskopf sind stark durch den Norfolk Trotter, eine leichte Kutschpferderasse aus dem Osten Englands, geprägt. Diese relativ kleine, aus Passgängern gezüchtete Rasse besitzt einen hohen Anteil an andalusischem Blut und zeichnet sich durch eine besonders dynamische Knieaktion aus.

Französische Züchter hingegen versuchten, ein Reitpferd mit Wagenpferdqualität zu schaffen. So ist es auch nicht verwunderlich, dass der „Trotteur Français" weit mehr dem Reitpferdetyp entspricht als der amerikanische: Ein kräftiger, nicht zu langer Rücken, ein hoher Halsansatz mit stolz getragenem, leicht ramsnäsigen Kopf, sowie ein harter, gesunder Huf kennzeich-

FOTO: DOSSENBACH

Stärke, Kraft, Taktsicherheit und Tempo: Und das alles ausschließlich im Trab.

nen das Idealbild dieser Rasse. Da lange Strecken (2000 bis 4000 Meter) sowohl vor dem Sulky als auch unterm Sattel in Frankreich maßgebend sind, ist der Franzose größer (circa 167 Zentimetern), hat einen wohlgeformten Rücken mit kurzer und schräger Kruppe sowie einen gut ausgeprägten Widerrist. Mit den Bestzeiten der amerikanischen Traber konnten die

Franzosen allerdings lange Zeit nicht mithalten. Durch die darauf folgende Einkreuzung amerikanischer Trotter wurde die Schnelligkeit enorm verbessert, was dem Exterieur des typisch französischen Trabers nicht geschadet hat. Zwar sind die Sieger auf dem Rennplatz noch immer die amerikanischen Standardbreds, doch die überwiegend hellbraunen und fuchsfarbenen Franzosen können jetzt mit den amerikanischen Bestzeiten mithalten.

Die deutsche Traberzucht, deren Anfänge auf das Ende des letzten Jahrhunderts weisen, basiert überwiegend auf der amerikanischen Zuchtgrundlage und breitet sich im nord- und westdeutschen Raum sowie in Bayern aus. Da in Deutschland hauptsächlich Rennen über Mitteldistanzen (2000 bis 2200 Metern) ausgetragen werden, hat sich weder ausschließlich der Sprinter (klein und dynamisch) noch der barocke Typ (groß und kräftig) durchgesetzt. Durch die Zuchtkombination von amerikanischem und französischem Blut entstand in erster Linie ein ausdauerndes Pferd; ein ausgeglichener Typ im Quadratformat mit einem angenehmen und leicht handhabbaren Charakter. Immerhin konnte schon das schwerste Rennen der Welt, der „Prix d'Amerique" in Paris, von einem deutschen Pferd (dem Fuchshengst Permit) gewonnen werden.

Abano AS: Ein Hengst im Quadratformat mit leicht überbauter, steiler Hinterhand. Für die Dressur wären solche Merkmale von Nachteil; im Trabrennsport stellen sie sich allerdings als besonders positiv heraus.

Das Distanzpferd

Distanzpferde müssen mit jedem Boden zurecht kommen. Federnder, feuchter Sandstrand ist eine besonders huf-freundliche Variante.

Mein Pferd, die Natur und ich – Distanzreiten ist Entspannung pur, könnte man denken. Das Motto heißt jedoch nicht Seele baumeln lassen, sondern schnell und vor allem ausdauernd bis zu 160 Kilometer meistern: Distanzpferde sind Überlebenskünstler. Die vierbeinigen Langstreckenläufer führen meist viel arabisches Blut.

FOTO: TOFFI

Das Pferd ist ein Fluchttier. Laufen liegt in seiner Natur, auch lange Distanzen können oft ohne Probleme gemeistert werden. In kargen Landschaften mit harten Böden und strengen klimatischen Bedingungen hat das Pferd gelernt, zu überleben. Ein Mensch oder schwere Lasten werden in einigen Ländern noch heute über etliche Kilometer getragen; Ausdauer heißt das Überlebensprinzip. Das ist ein Distanzpferd in seiner ursprünglichen Verwendung. Inzwischen hat sich das Distanzreiten zu einem Leistungssport entwickelt, der sich weltweit immer größerer Beliebtheit erfreut, auch in Staaten, die sonst im Pferdesport wenig in Erscheinung treten wie in den afrikanischen Ländern.

Es ist nicht ganz einfach, unter den hier beheimateten, meist warmblütigen Freizeitpferden ein geeignetes Distanzpferd zu finden. Gefragt sind Härte, Biss und Spaß am Laufen. Die Pferde müssen robust und so natürlich wie möglich aufwachsen. Kein Wunder also, dass die erfolgreichsten Pferde aus heißen, trockenen und kaum fruchtbaren Ländern kommen.

Züchten kann man ein Distanzpferd nur bedingt. Es muss über eine robuste Gesundheit verfügen, ein Punkt, in dem man keine Kompromisse machen kann. Denn Pferde mit Mängeln oder Fehlstellungen sind den Belastungen oft nur begrenzt gewachsen. Das gilt für jede Sportart, insbesondere aber für den an allen Kräften zerrenden, ausdauerfordernden Leistungssport des Distanzreitens.

Der Erfolg eines Distanzpferdes hängt auch noch von anderen Faktoren ab. Es muss über einen großen Leistungswillen verfügen, auch noch bereit sein, weiter zu gehen, wenn es vielleicht schon müde ist. Dazu muss es seinem Reiter vertrauen. Das edelste und gesündeste Pferd nützt nichts, wenn es „die Brocken hinschmeißt", sobald es mühsam wird. Pferde, die alles geben, sich unter Umständen über ihre Kräfte hinaus

Kräftig und kein Gramm Fett zu viel: Als Ausdauersportler müssen sich Pferd und Reiter an einen strengen Trainingsplan halten, um die etlichen Kilometer ohne gesundheitliche Schäden zurücklegen zu können. Der Araber kommt dem Ideal des Distanzpferdes schon sehr nahe.

verausgaben, fordern vom Reiter großes Verantwortungsgefühl. Bei der Weltmeisterschaft in Jerez 2002 brachen zwei Pferde tot zusammen, weil die Reiter nicht gemerkt hatten, wie es um sie stand. Beide Reiter hatten sich die Pferde nur für dieses Championat geleast.

Hagere Langstreckenläufer

Im Prinzip eignet sich jede Rasse zum Distanzreiten. Die Frage ist, für welchen Zweck das Pferd eingesetzt werden soll: Suche ich einen ausdauernden Langstreckenläufer für Mehrtagesritte oder einen schnelleren für kurze Tagesstrecken? Bei den meisten Distanzritten trifft man eine Mischung vieler Rassen: vom Isländer über das Warmblut bis hin zum Araber. Sie alle haben eins gemeinsam: Sie sehen aus wie die Ausdauersportler unter den Menschen: hager, mit langen Muskeln, kein Gramm Fett zu viel. Und: Sie sind nicht die Größten! Das idealste und „handlichste" Stockmaß liegt zwischen 150 und 155 Zentimetern.

Die Rasse, die sich am besten für Distanzritte eignet, sind die Araber, die durch ihre Leichtfüßigkeit, durch Leistungswillen, die passende Größe und vor allem durch viel Ausdauer bestechen. Sie werden sowohl auf langen wie auch auf kurzen Distanzen eingesetzt. Vollblüter eignen sich für Kurzstrecken, da sie besonders schnell sind. Wichtige Kriterien für lange Strecken sind Flexibilität und Bewegungsgeschmeidigkeit sowie wenig Schwung, denn der raubt viel zu viel Energie. Ein Hannoveraner, der jedes Wochenende seine L-Dressur gewin-

nen würde, ist kaum der geeignete Distanzler. Sehr geeignet hingegen sind die osteuropäischen Rassen wie Achal-Tekkiner oder Budjonny, die unter wesentlich natürlicheren, raueren Bedingungen aufwachsen.

Die Eignung als Ausdauersportler stellt sich erst spät heraus. Distanzpferde werden frühestens fünfjährig eingesetzt (für Kurzstrecken), die Höhepunkte der Karriere sind deshalb häufig erst zwischen zwölf und 17 Jahren erreicht.

Coole Typen sind gefragt

Beim Distanzreiten kommt es nicht nur auf die Ausdauer und die Konstitution des Pferdes an. Um möglichst wenig Energie zu verbrauchen, muss das Pferd gelassen und „cool" sein. Das ist nicht nur das Temperament und die Einstellung zum Sport, sondern häufig auch eine Frage der Hormone. Stuten sind unbeliebt, weil sie besonders in der Rosse als zickig gelten. Hengste, die durch Eleganz und Kraft bestechen, lassen sich häufig zu sehr ablenken (besonders durch die rossigen Stuten). So ist es nicht verwunderlich, dass man meist auf die ruhigen und ausgeglichenen Wallache trifft.

Je mehr ein Pferd vom Idealgebäude abweicht, umso eher können auch gesundheitliche Probleme auftauchen. Beim Reiten sind physische Mängel zwar tolerierbar, allerdings wird die Haltbarkeit des Pferdes durch Fehlstellungen oft leiden – auch wenn es Gegenbeispiele gibt, zumal der Sport schon aufgrund der langen Distanzen eine hohe Dauerbelastung darstellt.

Das Pferd sollte gut proportioniert sein, alle Körperteile sollten harmonisch zueinander

passen. Eine gute Sattellage, ein starker, nicht zu langer aber auch nicht zu kurzer Rücken sind von Vorteil. Denn ein langer Rücken ist anfällig für Rückenleiden, bei einem zu kurzen Rücken kann sich das Pferd leicht mit den Hinterbeinen in die Vorderbeine greifen. Außerdem sollte das Pferd eine runde, nicht zu stark bemuskelte Hinterhand sowie ausreichende Ganaschenfreiheit mitbringen.

Eine korrekte Beinstellung verspricht lange Haltbarkeit. Durch Fehlstellungen, besonders an der Vorhand (die mehr als die Hälfte des Körpergewichtes trägt), können chronische Veränderungen hervorgerufen werden, die wiederum die Haltbarkeit des Pferdes beeinflussen. Die Hufe sollten lieber zu groß sein als zu klein, damit der Hufmechanismus ungestört funktionieren kann und nicht eingeengt wird. Unebenheiten im Boden können mit einem größeren Huf ebenfalls besser ausgeglichen werden. Ein großes Herz und eine ausreichende Brusttiefe bieten der Lunge Platz, die für die Atmung zuständig ist. Deshalb sollten auch die Nüstern des Pferdes nicht zu klein sein, denn sie sorgen für den optimalen Sauerstoffaustausch.

Darauf kommt es an:

- Korrekt proportioniertes Gebäude
- Starker, mittellanger Rücken
- Nicht allzu stark bemuskelte Hinterhand
- Korrektes Fundament, harte, widerstandsfähige Hufe
- Ausreichende Brusttiefe
- Genügend Ganaschenfreiheit
- Weite Nüstern und großes Herz
- Leistungsbereitschaft auch noch nach Strapazen

Das Pony

Weil ihre Ahnen im Jahr bis zu 4000 Kilometer tippeln und mit Kälte, Schnee und Regen zurecht kommen mussten, sind die Nachfahren der Urponys heute noch besonders leistungsfähig und genügsam. Und für viele Reiter immer noch die Einstiegsdroge für das Glück der Erde.

Ponyrassen gibt es inzwischen unzählige, ein fast allen gemeinsames Merkmal ist das dichte Langhaar. Auf diese Weise machte „der Pony" Haarstyle-Geschichte.

FOTO: SCJMELZER

Auf den ersten Blick ist es ganz einfach zu erklären, was ein Pony ist: ein Pferd, das höchstens 1,48 Meter Stockmaß, also Widerristhöhe, messen darf. So jedenfalls wird ein Pony im Turnierreglement der Deutschen Reiterlichen Vereinigung (FN) definiert. Einfach, aber nicht ganz korrekt. Denn nicht jedes kleine Pferd ist ein Pony.

Vielmehr sind die heutigen Ponyrassen, wenn auch teilweise vermischt, Nachfahren jenes Urponys, das in der Theorie von den vier Urtypen als Typ I bezeichnet wird. Es war von allen Urtypen am weitesten verbreitet und hatte demzufolge den größten genetischen Einfluss auf kommende Pferdegenerationen. Knochenreste des Urponys wurden in West- und Mitteleuropa, aber auch in Kleinasien, Zentral- und Ostasien gefunden. Selbst in Alaska, Kanada und Texas wurden Skelettreste entdeckt, deren Alter auf rund eine Million Jahre geschätzt wird. Das bedeutet, dass das Urpony schon zu Beginn der Eiszeiten existierte, lange bevor es seinen Marsch nach Europa antrat, wo es immer wieder von den Menschen eingefangen und gezähmt wurde.

Das Urpony konnte quasi überall überleben, war nicht auf einen bestimmten Lebensraum festgelegt, sondern passte sich flexibel der Umwelt an. Besonders wohl fühlte es sich im feuchten Hügelland, so wie im Süden Englands, wo sich das Exmoor Pony als die reinste Form des Urponys erhalten hat. Das beweisen Funde von Zähnen und Knochen von Urponys, die denen der Exmoor Ponys verblüffend ähneln.

Das Exmoor Pony zeigt uns, wie die Vorfahren der Ponys ausgesehen haben könnten: Etwa 1,25 Meter groß, mit einem kompakten, athletischen Körper und einem etwas tonnigen Rumpf. Das Problem der Sattellage stellte sich noch nicht, dafür bot sich reichlich Platz für die Verdauungsorgane. Der Rumpf ruhte auf kurzen, kräftigen Beinen mit tiefliegendem Vorderfußwurzel- und Sprunggelenk und kurzen Röhrbeinen, die eher seitlich abgeplattet als rund wirkten. Auch die innere Knochenstruktur des Ponyröhrbeins unterscheidet sich vom Pferd. Das Ponyröhrbein hat nämlich einen größeren Hohlraum, durch den das Knochenmark geführt wird. Das Knochenmark wiederum ist zuständig für die Produktion der Roten Blutkörperchen, die die Sauerstoffzufuhr und die Kohlendioxydabfuhr besorgen – ein Grund für die große Leistungsfähigkeit der ursprünglichen Ponyrassen. Hinzu kommt: Im Verhältnis zu ihrer Größe sind die Knochen des ursprünglichen, also nicht durch Vollblut oder Araber veredelten Ponys, zwar kürzer, aber nicht sehr viel dünner als die von Großpferden, weswegen Ponys oft erstaunlich schwere Gewichte tragen oder ziehen können.

Das typische Urpony hat einen eher hoch aufgesetzten Hals, einen nur wenig markierten Widerrist und eine runde, breite Kruppe. Dank seines tief liegenden Schwerpunktes konnte es sich in fast jedem Gelände bewegen, ausgenommen in sumpfigen Gegenden, wo es mit seinen festen, schmalen Hufen eingesunken wäre. Auch mit der schnellen Durchquerung langer Strecken in Steppe und Wüste war es mit seinen kurzen Beinen überfordert. Wissenschaftler, wie Michael Schäfer und andere, bezeichnen das Urpony als Allround-Pony – und von dieser Eigenschaft haben sich die klassischen Ponyrassen noch viel bewahrt.

Das Urpony legte im Laufe des Jahres gewaltige Strecken zurück, bis zu 4000 Kilometer, ging im Sommer in nördliche und höher gelegene Gegenden, im Winter in südlichere, wärmere Breiten oder tiefer gelegene Gefilde. Wissenschaftler nehmen an, dass es dabei Räume vom Mittelmeer bis an die Nordsee durchquerte und das ging bei seinen kurzen Beinen nur durch eine schnellere Fußfolge im Trab und Schritt. Der Zuckeltrab, unfreundlich auch Nähmaschinentrab genannt, ist noch heute einigen urtümlichen Ponyrassen eigen. Auf diese Weise entwickelten die Ponys große Ausdauer, zwar nicht in schnellem Galopp, aber in besagtem kräftesparendem Zuckeltrab.

Der Kopf

Die Lebensweise als „Fernwanderwild" hinterließ weitere Spuren am Exterieur des Urponys, die noch heute bei seinen Nachfahren abzulesen sind, vor allem am Kopf. Das Urpony brauchte kräftige, leistungsfähige Atmungsorgane, die bei hoher Luftfeuchtigkeit genauso gut funktionierten wie nach einem kurzem, schnellen Lauf in kalter Luft. In den Nasennebenhöhlen entwickelten sich aus diesem Grund besondere Hohlräume, um die Luft vorzuwärmen. Dementsprechend bildete sich eine ausgeprägte Schnauze aus, noch heute ein Erbteil vieler Ponyrassen. Diese starke untere Kopfpartie ist auch eine Folge des besonders kräftigen Gebisses der Urponys.

Die Zähne

Auch in ihren Zähnen unterscheiden sich die Urponys in vieler Hinsicht von den anderen Urtypen. Die Schneidezähne ursprünglicher Ponys sind verhältnismäßig

---

Darauf kommt es an:

- Athletischer, kräftiger Körperbau
- Gedrungener Rumpf (tonnig)
- Breite Stirn; große, meist dunkle Augen
- Kräftige „Schnauze", oft hell umrandet (Mehlmaul)
- Buschiges, kräftiges Langhaar
- Kleine Ohren (Mauseohren)
- Kurze Maulspalte
- Dichtes, fettiges Haarkleid, an dem der Regen abtropft

Das passt gut zusammen: Im Umgang mit Ponys verlieren Kinder schnell die Scheu vor großen Tieren.

lang und breit. Ober- und Unterkiefer treffen nicht wie bei Pferden in spitzem Winkel aufeinander, sondern wie bei einer Kneifzange senkrecht, was sich erst im Alter etwas verändert. Außerdem gilt das Zahnbein als härter im Vergleich zum Zahnbein von Pferden, die ihren Ursprung im Steppenpferd oder Orientalen haben. Damit ist auch die Fresstechnik der Urponys eine andere: Sie reißen das Gras nicht ab, sondern zwicken es ab. Anders als Pferde können Ponys weiden, ohne stark mit dem Kopf zu rucken. Das andersartige Gebiss hat noch eine weitere Konsequenz. Da die Kiefer erst im Laufe der Jahre nicht mehr senkrecht, sondern in mehr oder weniger spitzem Winkel aufeinander treffen, ist der Abrieb anders. Das Alter ist deswegen nicht so eindeutig an den Zähnen abzulesen wie bei Pferden. In der Regel müssen bei Ponys dem „Zahnalter" noch einige Jährchen hinzugefügt werden. Auch die Backenzähne sind – bei Urponys wie auch beim Urkaltblüter – besonders lang und breit und an der Oberfläche stark gefältet und damit besonders geeignet, um hartstängeliges Futter zu zermalmen, selbst wenn es gefroren ist. Nur dank seines kräftigen, haltbaren Gebisses konnte das Urpony ein hohes Alter erreichen. Die Maulspalte des typischen Ponykopfes ist kurz. Das kann bei seinen Nachfahren Probleme mit der Zäumung geben. Das Gebiss liegt leicht zu tief, das (hannoversche) Reithalfter drückt auf den Nasenknorpel.

Die Stirn

Ponys haben typischerweise eine breite Stirn mit großen, runden, meist dunklen Augen und kleine, breite, innen und außen als Kälteschutz dicht behaarte Ohren (Mauseohren). Unerwünschter Nebeneffekt für das heutige zum Reiten benutzte Pony: Die Trense rutscht schnell mal über die Ohren.

Haare

Das Haarkleid, dem Klima angepasst, ist derb und fettig, das Winterfell, das das Urpony von September bis Ende April trug, wird durch eine feine Unterwolle ergänzt. Regen und Schnee rutschen durch eine besondere Anordnung der Haare an den Hüften ab, ohne das Unterfell und

FOTO: TOFFI

Für jeden Spaß zu haben: Ponys als Partner beim Sackhüpfen.

die Haut zu erreichen. Beobachtungen an Exmoor Ponys haben ergeben, dass die Urformen diesen Kälteschutz noch besitzen, aber nicht mehr die Kreuzungsprodukte mit Vollblütern und Arabern, die demzufolge anfälliger für Infektionen sind. Hinzu kommt bei den Urponys noch eine dicke Fettschicht, die sie sich in den Sommermonaten anfressen.

Der Schweif reicht zuweilen bis zum Boden, eine Haarglocke am Schweifansatz verhindert, dass Wasser in den After bzw. bei Stuten in die Scheide läuft. Viele Diskussionen ranken sich um die Mähne der Ahnen unserer Pferde. Eine Zeitlang wurde angenommen, nur die Stehmähne wie beim Przewalski-Pferd kennzeichne das Urpferd. Wahrscheinlich hatten aber bereits die Urponys eine Kippmähne, da hier der Regen besser seitlich am Hals ablaufen kann und keine Hautreizungen am Mähnenkamm verursacht.

Stehmähnen werden hingegen bei Ur-

Schon manche große Karriere begann klein auf einem Pony. Führzügelklassen sind die erste Gelegenheit im Reiterleben, eine Schleife zu gewinnen.

FOTO: TOFFI

Pferden vermutet, die in trockenen Gegenden lebten. Wallendes Mähnenhaar mancher Pony- und Pferderassen führen Wissenschaftler auf die Vermischung verschiedener Urtypen zurück.

Farbe

Die Farbe des typischen Exmoor Ponys und damit wahrscheinlich seiner Urahnen ist ein sattes Torfbraun. Die Fohlen werden in einem hellen Kastanienbraun geboren. Auffallend und typisch sind die helle Umrandung des Maules (Mehlmaul), der Augen, an den Flanken und an den Hinterbacken.

Innere Werte

Auch im Wesen unterscheidet sich das Urpony erheblich von den anderen Urtypen. Es gilt als besonders gesellig und hängt demzufolge mehr an seinen Artgenossen, als es vielen Reitern lieb ist. Es ist anderen Pferden gegenüber meist verträglich und wenig aggressiv.

Insgesamt hat das Urpony seinen Nachfahren eine große Widerstandskraft gegen Kälte und Nässe mitgegeben, eine geringe Anfälligkeit gegen Erkältungskrankheiten, eine hohe Lebenserwartung, Genügsamkeit und Leichtfuttrigkeit. Es neigt andererseits bei zu reichlicher Kost zur Verfettung und als Folge davon zu Hufrehe. Eine strikte Diät (magere Weide) kann dem vorbeugen. Heutigen vom Urpony geprägten Pony- und Pferderassen sagt man eine besonders hohe Fruchtbarkeit nach.

Wenn in manchen Warmblutlinien immer wieder kleine Pferde vorkommen, ist dies auch auf Ponygene zurückzuführen – trotz Anpaarung von großrahmigen Partnern.

Das Polopferd

Beschleunigen im Nullkommanix, spüren, wo der Ball gleich hinfliegt, sich auf dem Huf um 180 Grad drehen, das sind die Qualitäten eines Polopferdes. Ein kleiner Kraftprotz, intelligent und sehr wohlerzogen.

Ein gutes Polopferd spielt quasi mit, ahnt den Verlauf des Balles und reagiert blitzschnell.

Polo existiert seit 2500 Jahren. Es hat sich aus einem Kriegsspiel für die Kavallerie entwickelt. Als die Briten vor mehr als 150 Jahren das Spiel in Indien aufnahmen, waren kleine, robuste Ponys Standard.

Die Idealgröße liegt bei circa 1,55 Meter Stockmaß; ab 1,60 Meter gelten Polopferde bereits als zu groß. Inzwischen ist das Spiel wesentlich schneller geworden. Im Spitzensport erreichen Polopferde Geschwindigkeiten über 50 Stundenkilometer, in der Beschleunigung auf kurzer Distanz sind sie unschlagbar. Auch die Qualität der Spieler hat sich enorm verbessert, so dass die Pferde mit mehr „speed und stamina" benötigt werden, also mit der Fähigkeit zu Beschleunigung und Ausdauer.

Heutzutage verfügen Polopferde über einen sehr hohen Blutanteil. Allerdings wird bei der Blutzufuhr darauf geachtet, dass der starke Knochenbau, das gute, sprich nicht zu lange und kräftige Röhrbein und die guten Hufen ihrer argentinischen Criollo-Vorfahren erhalten bleiben. Eine kurze Fesselung ist ebenso wichtig wie ein kurzer Rücken, eine breite, tiefe Brust, ein langer Hals und eine flache, bequeme Galoppade. Eine überbaute Kruppe stört nicht, ebenso kann man einen Hirschhals verzeihen.

Die besten Pferde stammen aus spielerprobten Stuten, die mit nicht zu großen Vollbluthengsten gepaart werden. Dabei spielen der Charakter, der Einsatzwille, die Nervenstärke und das Kämpferherz die entscheidende Rolle bei der Selektion des Vaters. „Ein Hengst, der gut Polo spielt, ist wie ein Sechser im Lotto", so Micky Keuper, Deutschlands erfolgreichster Polospieler.

Ein gutes Polopferd muss in der Lage sein, wie eine Ballerina auf einem Bein zu drehen, im Nullkommanix zu beschleunigen – und zwar aus dem Stoppen und Drehen heraus – es muss in der Lage sein, aus dem gestreckten Galopp, ohne mit der Wimper zu zucken, zu stoppen und dabei gleichzeitig sehr empfindsam im Maul bleiben.

Vor allem müssen die Pferde das Spiel lieben, sich ihm mit allen Fasern hingeben, quasi selber mitspielen. Gute Pferde spüren durch die Gewichtsverlagerung des Reiters, in welchem Winkel der Schläger fallen wird und leiten dementsprechend den Richtungswechsel ein.

Moderne Polopferde werden gleichermaßen nach mentalen und athletischen Eigenschaften ausgesucht. Da sie in der Haltung genügsam, charakterlich ruhig und nervenstark sind, eignen sie sich nach Ende ihrer Karriere hervorragend für Kinder und Anfänger. Polopferde gehen gerne ins Gelände und sind auch besonders angenehm bei Jagden zu reiten.

Ein Polopferd vor dem Spiel.

Darauf kommt es an:

- Ausdauer und Speed
- Kräftige Gelenke
- Nicht größer als 160 Zentimeter
- Starker Knochenbau
- Intelligent und reaktionsschnell

FOTO: TOFFI

Das Arbeitspferd

Warum gehen Kaltblüter am liebsten Schritt und haben keine Angst vor Wasser? Weil ihre Urahnen in Sümpfen und Niederungen lebten und sich lieber vorsichtig aus dem Nass lavierten und rückwärts in die Büsche schlugen, als davon zu galoppieren. Aber das ist nicht alles, was sie von ihren Vorfahren geerbt haben.

FOTO: VAN DAMSEN

Kaltblüter heißen nur in der deutschen Sprache so, in anderen Sprachen ist die Rede vom Schweren Pferd, vom Zug- oder Arbeitspferd, was dem Kern der Sache schon wesentlich näher kommt. Der Ausdruck Kaltblut bezieht sich im übrigen nicht auf die Körpertemperatur, sondern auf das gelassene ruhige Temperament. Auch in dieser Hinsicht stimmt er nur halb, denn Kaltblüter sind in brenzligen Situationen keineswegs immer „cooler" als ihre warmblütigen Artgenossen, sondern eher vorsichtig als mutig. Kaltblüter gibt es wie Ponys in vielen Ausführungen. Gemeinsam sind ihnen bestimmte Körpermerkmale, die sie von ihren Ahnen, dem Urpferd Typ II, auch Tundrenpferd oder Waldpferd genannt, geerbt haben. Gemeinsam ist ihnen auch eine lange Geschichte im Dienste des Menschen, der die schwergewichtigen Pferde für Kriegszwecke, für die Arbeit auf dem Feld, im Wald

oder in der Kohlengrube und nicht zuletzt zur Ernährung nutzte.

Gemeinsam ist den Arbeitspferderassen auch das Schicksal, dass fast alle von ihnen, obwohl oft uralt, heute eine Randexistenz als „Aussterbende Haustierrasse" fristen, da ihre Dienste durch Maschinen ersetzt und längst nicht mehr benötigt werden. Allerdings haben sich in den letzten Jahren immer mehr Freunde dieses Pferdetyps zusammen getan, die diese Rassen als altes Kulturgut pflegen und ihnen auch neue Einsatzgebiete erschließen: als Freizeitpferde für schwere, aber weniger erfahrene Reiter, im Tourismus als Kutschpferde, als imponierende Schaugespanne zum Beispiel für Brauereien und nicht zuletzt wieder vermehrt bei der Waldarbeit, wo ein cle-

verer arbeitseifriger Kaltblüter die Stämme geschickter und umweltfreundlicher aus dem Bestand zieht als jede Maschine.

Das Pferd, das aus der Kälte kam

Der Urkaltblüter war über Nordamerika, wo er später wie die anderen Urpferde ausstarb, nach Nordeuropa und Nordasien gekommen. Dort lebte er vor allem in kalten, schneereichen Gegenden, in unwirtlichen Landstrichen, in der Tundra, in moorigen Landstrichen am Rande der Gebirge, bis hin zum Nordrand der Alpen. Anders als das Urpony, das als „Fernwanderwild" im Laufe des Jahres große Gebiete durchquerte und mehrere tausend Kilometer zurücklegte, hielt sich das Tundrenpferd in einem bestimm-

Ein Bild, fast wie aus alten Tagen: Mensch und Pferd bei der Arbeit auf dem Felde.

ten Umkreis auf, es war „Standwild". Der Herdenverband war lockerer als in den wandernden Ponyherden, was noch heute zur Folge hat, dass kaltblütige Pferde häufig weniger an ihren Artgenossen hängen als die Nachfahren des Urponys, und, so menschenfreundlich sie sind, untereinander oft unverträglicher sind. Der Körper des Tundrenpferdes war perfekt auf niedrige Temperaturen, aber auch auf das Leben auf moorigen Böden eingerichtet. Viele der unter diesen extrem harten Bedingungen entstandenen Eigenschaften – innerlich wie äußerlich – sind bis heute Rassemerkmale kaltblütiger Pferde.

Knochen des Tundrenpferdes wurden unter anderem in England, Westfrankreich und Österreich gefunden, häufig zusammen mit denen anderer Kaltzonenbewohner wie Rentiere und Mammuts. Es bildeten sich mit der Zeit verschiedene Schläge des Urkaltblüters heraus. Als Durchschnittsgröße wird 1,35 bis 1,50 Meter Stockmaß angenommen. In der Nähe von Wien wurden aber auch Überreste eines Tundrenpferdes ausgegraben, das ein Stockmaß von 1,80 Meter aufwies. Es waren also keineswegs alle Vorfahren unserer Pferde klein! Im übrigen sind ja auch bei anderen Säugetierarten die in nördlichen Gefilden lebenden Arten größer als die in warmen Zonen. Dafür gibt es eine einfache Erklärung: Je größer der Körper, um so kleiner ist im Verhältnis zum Rauminhalt die Körperoberfläche, die damit auch weniger Wärme abgeben kann.

Angeborener Wintermantel

Das Haarkleid des Urkaltblüters war den Umständen entsprechend derb und dicht. Noch heute hat das Fell eines weitgehend rein gezogenen Katblüters oft weniger Glanz als das eines Warm- oder Vollblüters, weil das einzelne Haar sehr dick und grob ist. Der lange dichte Schweif wehrte in den kurzen Sommern des kontinentalen Klimas Fliegen und Mücken ab, die in sumpfigen Gegenden die Pferde plagten; im Winter schützte der Schweif und vor allem der breite Schweifansatz den After und die Genitalien. In der kalten Jahreszeit, die in einigen Gegenden schon im September begann, wuchs dem Tundrenpferd ein dichter langer Pelz mit einem ausgesprochenen Bart unter dem Kinn und langen Behängen an den Fesseln – auch dies sind Merkmale, die sich bis heute in vielen Arbeits-

pferderassen erhalten haben und bei warmblütigen Pferden, wie auch die gespaltene Kruppe, immer noch den einen oder anderen Kaltblüter im Pedigree verraten.

Kräftiger Körper

Das Tundrenpferd stand im Rechteckformat und war mit seinem runden, tonnigen Rumpf, der den Verdauungsorganen reichlich Platz gab, auf die Verwertung großer Mengen ballastreicher, wenig ergiebiger Nahrung eingestellt. Der Hals wurde waagerecht getragen, der Kopf war für den heutigen Geschmack derb und unedel. Für das

Tundrenpferd war er allerdings perfekt: Rechts und links der schmalen Stirn lagen kleine Augen, die durch die sie umgebenden Hautwülste vor Verletzungen geschützt waren. Noch deutlicher als beim Urpony war der untere Teil des Kopfs, die Schnauze, auf die Lebensumstände des Tundrenpferdes eingestellt. Er bot genügend Raum zum Vorwärmen der Atemluft, mit der an Rentiere erinnernden Schneepflug-Nase konnte das Pferd Nahrung unter dem Schnee hervorwühlen, beim Ausatmen wurde durch die tiefe Anordnung der kleinen fleischigen Nüstern die Luft so auf den Boden geblasen, dass die Nahrung schon etwas vorgewärmt wurde.

Die Nüstern konnten auch so verschlossen werden, dass die Pferde am Rande der Seen unter Wasser Schilf und Wasserpflanzen fressen konnten, ohne dass Wasser in die Nase geriet.

Auch die Zähne waren auf die extrem harten Lebensbedingungen eingestellt, die Backenzähne waren lang und standen senkrecht, wie bei einer Kneifzange aufeinander. Auf diese Weise konnte auch hartes und gefrorenes Futter aufgenommen und gekaut werden, ohne dass sich die Zähne vorzeitig abnutzten.

Rettung rückwärts

Der ganze Körperbau des Tundrenpferdes war auf eine ruhige Fortbewegung meist im Schritt eingerichtet: Die steile Schulter, die abgeschlagene, gespaltene Kruppe und die stark gewinkelten, unter den Körper geschobenen

FOTO: KUCZKA

Schaustücke: Kaltblutgespanne, hier Percherons, sind ein attraktiver Blickfang bei Volksfesten und Umzügen.

Hinterbeine begünstigten stampfende Trab-bewegungen mit geringem Raumgriff und erlaubten höchstens hin und wieder einen kleinen „Kochäppelgalopp". Das Tundren-pferd suchte bei Gefahr sein Heil nicht in der Flucht, sondern durch vorsichtigen Rückzug, indem es sich rückwärts ins Ge-büsch oder in den Wald schob, in der Hoff-nung, nicht gesehen zu werden. Dafür war die Hinterhand hervorragend geeignet, auch, um im Gebirge zu „klettern" und über Felsen zu steigen oder um sich Schritt für Schritt rückwärts aus sumpfigem Boden herauszuziehen. Besonders das Fundament war auf das Leben in morastigen Landstri-chen eingestellt: kurze, kräftige Röhrbeine und vor allem große, breite Hufe, mit denen das Pferd so schnell nicht einsank. Diese Hufform ist im übrigen allen Rassen eigen, die auf weichen bis sumpfigen Böden auf-wachsen, das gilt auch für die alten Olden-burger und Ostfriesen.

Innere Werte

Vom Wesen her war der Urkaltblüter ruhig, gutmütig und überlegt – mit ein Grund, warum sich der Mensch Pferde dieses Typs für seine verschiedenartigen Zwecke nutz-bar machen konnte. Hinzu kommt das gro-ße Eigengewicht des Kaltblutpferdes, mit denen es beträchtliche Lasten stemmen kann, die Unerschütterlichkeit, mit der es Hindernisse aller Art überwindet. Noch heute erstaunen Kaltblutpferde ihre Besit-zer zuweilen durch die Neigung, keinem Hindernis aus dem Weg zugehen, sondern in aller Ruhe darüber zu steigen, auch wenn es mal ein Koppeltor, ein Zaun oder eine Schubkarre ist. Der vom Urkaltblüter ge-prägte Pferdetyp scheut selten, geht nicht durch, sondern kriecht höchstens rückwärts und hat in der Regel wenig Scheu vor Was-ser, auch das ist im täglichen Umgang eine nicht zu unterschätzendes Plus.
Er ist sehr widerstandsfähig gegen Kälte, kann also auch bei hohen Temperaturen draußen bleiben, ohne dass energiereiches Futter zugegeben werden muss.

Schwerstarbeiter

Die Kaltblüter sind die Malocher unter den Pferden. Der Mensch hat die Nachfahren des Tundrenpferdes nach seinen Wünschen geformt, was zu einer Vielfalt von Rassen und Schlägen führte, je nach den Aufgaben, die sich stellten. Wissenschaftler nehmen an, dass der Mensch bereits vor 5000 Jah-ren züchterisch in die Entwicklung des Ur-kaltblüters eingegriffen hat. Das Belgische Kaltblut gilt als die Rasse, die sich am reins-ten vom nordischen Urpferd herleitet.
Das Kaltblutpferd wurde als Zugtier und als Kriegsgerät benutzt. Als schweres Rit-terpferd trug es einen mit seiner Rüstung bis zu 200 Kilogramm schweren Reiter, zog Kanonen und Geschütze. Überliefert ist der Einsatz kaltblütiger Reitpferde von der Schlacht in Tours und Poitiers 732, als maurische Reiter auf ihren leichten, beweg-lichen Arabern von den Truppen Karl Mar-tells auf schweren Pferden mit gepanzerten Rittern gestoppt wurden.
Für schnelle Transporte wurden warmblüti-ge Pferde eingesetzt, aber immer, wenn schwere Lasten zu bewegen waren, standen die „Dicken" bereit; nicht nur in der Forst- und Landwirtschaft waren sie eine Säule der Betriebe, auch der Aufbau unserer In-dustriegesellschaft wäre ohne sie undenk-bar gewesen. Sie halfen im Kohleabbau als Grubenpferde ebenso wie im Postwesen, sie zogen Busse und Eisenbahnen, Hoch-zeits-, Kranken- und Leichenwagen, brach-ten Nahrung und Gebrauchsgüter zu den Menschen und schafften ihren Abfall wie-der weg.
Sie können bis zu einem Dreifachen ihres Körpergewichts ziehen, Treidelpferde, die von den Ufern der Kanäle aus Lastschiffe zogen, mussten im Team 50 bis 60 Tonnen auf dem Wasser bewegen. Wirklich starke Stücke!

FOTO: KUCZKA

Wer ist der Stärkste? Kraftproben für Kaltblüter sind bei den Zuschauern sehr beliebte Wettbewerbe wie Zugprü-fungen oder Wettpflügen.

Darauf kommt es an:

- Schwerer, gedrungener Körperbau
- Steile Schulter; abgeschlagene, oft gespaltene Kruppe
- Stark gewinkeltes Hinterbein, unter den Körper geschoben (Säbelbeinig)
- Große, flache Hufe
- Waagerecht getragener Kopf und Hals
- Schmale Stirn; kleine Augen
- Ausgeprägte, oft aufgewölbte Nasenpartie (Schneepflugnase)
- Kleine, fleischige Nüstern
- Dichtes, grobes Fell und Langhaar

Achtung: Einige dieser Merkmale, vor allem der als derb empfundene Kopf des Urkaltblüters, wurden bei vielen Rassen im Laufe der Jahrhunderte durch Ein-kreuzung von Arabern und warmblütigen Pferden abgeschwächt oder ganz weg-gezüchtet. So findet man zum Beispiel bei Haflingern wie auch bei den französi-schen Percherons häufig ausgesprochen „hübsche", arabisierte Köpfe.

Das Voltigierpferd

Akrobaten in vollem Einsatz! Und zwar nicht nur die Turner, sondern auch das Pferd. Denn es muss immerhin drei Gewichte, also bis zu 160 Kilo tragen. Und dabei noch elegant aussehen? Harte Arbeit!

So gelenkig und biegsam wie die Turner auf dem Pferd sind viele noch nicht einmal auf festem Boden. Auch das galoppierende „Sportgerät" an der Longe muss athletische Qualitäten haben.

Ein sanfter Galopp, immer linksherum im Kreis. Menschen springen auf das Pferd; auf und wieder ab. Manchmal tummeln sich mehrere Personen auf dem Tier, und immer noch galoppiert es ruhig und gelassen. In der Mitte steht der Longenführer, gibt die Kommandos. Für einige ist diese Verbindung zwischen Mensch und Tier der Einstieg in die Reiterei, für andere ist das Voltigieren eine olympiawürdige Disziplin.

Die „Akrobatik auf dem Pferd" gehört zu den ältesten Sportarten weltweit. Im Laufe der Jahrhunderte entwickelte sich „La Voltige" (ursprünglich „Roßspringen" genannt, durch den französischen Einfluss entstand dann das Wort „Voltigieren") zu einer selbstständigen Disziplin. Das Ziel, die Vermittlung von Akrobatik und Bewegungseleganz, wurde seit Ende der 40-er Jahre durch moderne Übungen ergänzt und ist so zu dem Sport geworden, wie wir ihn heute kennen.

Um die turnerisch-akrobatischen Übungen auf dem Pferderücken ausführen zu können, verlangt der Sport eine hohe Vertrauensbasis zwischen den Aktiven: Mensch und Pferd. Deshalb ist der Charakter des Pferdes ein besonders wichtiges Kriterium bei der Wahl des Voltigierpferdes, das natürlich nicht nur ausgesucht, sondern meist auch ausgebildet werden muss. Hier gibt es bestimmte Merkmale und Charaktereigenschaften, die es mitbringen sollte: Ein ruhiges und braves Wesen mit unerschrocke-

FOTO: TOFFI

nem, ausgeglichenem Temperament. Außerdem sollte es in Rücken-, Hals- und Nierenpartie von Natur aus losgelassen sein und vor allem – nicht kitzelig!

Um den starken Belastungen durch das viele „Rauf und Runter" sowie dem steten (einseitigen) Galoppieren standzuhalten, sind gute Kondition, Kraft und Ausdauer des Pferdes Voraussetzung. Bestimmte Exterieurmerkmale sind für ein Voltigierpferd unabdingbar, wie beispielsweise ein korrektes Fundament (wegen der „Haltbarkeit") und eine Kruppe, die nicht steil abfallen darf, sondern eine Plattform (im wahrsten Sinne des Wortes) für die Übungen darstellen sollte. Dazu gehört auch, dass der Muskel-, Sehnen- und Knochenapparat fertig ausgewachsen sein muss (also mindestens fünfjährig), damit die Belastung überhaupt getragen werden kann. Wichtig ist auch, dass das Pferd oder Pony reell geritten ist, also möglichst eine A-Dressur gehen kann. Wenn man einen schnellen Verschleiß des Pferdes vermeiden will, muss die einseitige Dauerbelastung (linksherum auf dem Zirkel) ausgeglichen werden. Zwar erfährt der Voltigiersport momentan einen Wandel, das heißt, es wird mittlerweile im Training und auf den Turnieren auch rechtsherum galoppiert, trotzdem ist die Belastung des Pferdes immer noch enorm groß. Durch Ausreiten ins Gelände oder durch Koppelgang wird das Pferd locker und erfährt Abwechslung. Die Dressurarbeit stärkt die für das Voltigierpferd so wichtige Rückenmuskulatur.

Das Voltigierpferd muss weder besonders schön sein noch einer bestimmten Rasse angehören. Dominieren sollte vor allem die Frage, für welchen Zweck das Pferd eingesetzt werden soll: Suche ich ein Anfänger- oder Fortgeschrittenenpferd, eines für Kleinkinder oder für Jugendliche, für den Freizeit- oder Turnierbedarf? Ponys wie Haflinger oder Isländer, aber auch Kleinpferde bis zu einem Stockmaß von 155

Nicht zu groß und gutmütig im Umgang: Norweger als Voltigierpferde für Anfänger und Kinder. Für Wettkämpfe sind sie zu klein, auch reicht die Galoppade meist nicht aus.

FOTO: AGRAR-PRESS

Zentimetern eignen sich besonders für Kindergruppen.

Für Wettkämpfe im Einzel- oder Gruppenvoltigieren sollte das Pferd ein Stockmaß von circa 165 bis 180 Zentimetern haben (bevorzugt werden etwas schwerere, meist deutsche Warmblüter), denn hier müssen teilweise drei Turner und somit Gewichte bis zu 160 Kilogramm getragen werden! Takt, Schwung und Losgelassenheit – diese

ersten Punkte der Skala der Ausbildung gelten nicht nur für das Reitpferd. Da der Galopp die wichtigste Gangart beim Voltigierpferd ist, muss er besonders gleichmäßig, taktsicher und rund sein. Das Pferd sollte gut durchspringen und Last aufnehmen können, allerdings nicht zu aufwändig galoppieren. Der ökonomische Bewegungsablauf steht im Vordergrund, denn eine starke Knieaktion beispielsweise bedeutet einen hohen Aufwand und somit einen hohen Verschleiß. Um diesen dynamischen Anforderungen gerecht werden zu können, eignet sich besonders ein kräftiges Reitpferdemodell mit breiter, gut tragender Kruppe und runder Sattellage, einem gut ausgeformten Widerrist (besonders wichtig, damit der Voltiergurt optimal sitzt!), klaren Beinen und korrekter Beinstellung, nicht zu fein und zu lang gefesselt. Doch das Ideal ist auch hier selten. Fertig ausgebildete Voltigierpferde werden selten angboten. Wenn doch, sind sie entweder sehr teuer oder bringen diverse gesundheitliche Mängel mit.

Hat ein Verein oder eine Mannschaft ein gutes Voltigierpferd gefunden oder sogar selbst ausgebildet, gibt er es so schnell nicht her, schon weil es so schwierig ist, einen Ersatz zu beschaffen. Hinzu kommt: Voltigierpferde sind nur auf den ersten Blick „Turngeräte", sie werden nicht nur von einem einzigen Reiter geliebt, sondern meist von einer ganzen Riege Voltigierkinder.

Gebäude des Voltigierpferdes

Typ breitbrustiges Reitpferdmodell mit guter Kondition und Gesundheit

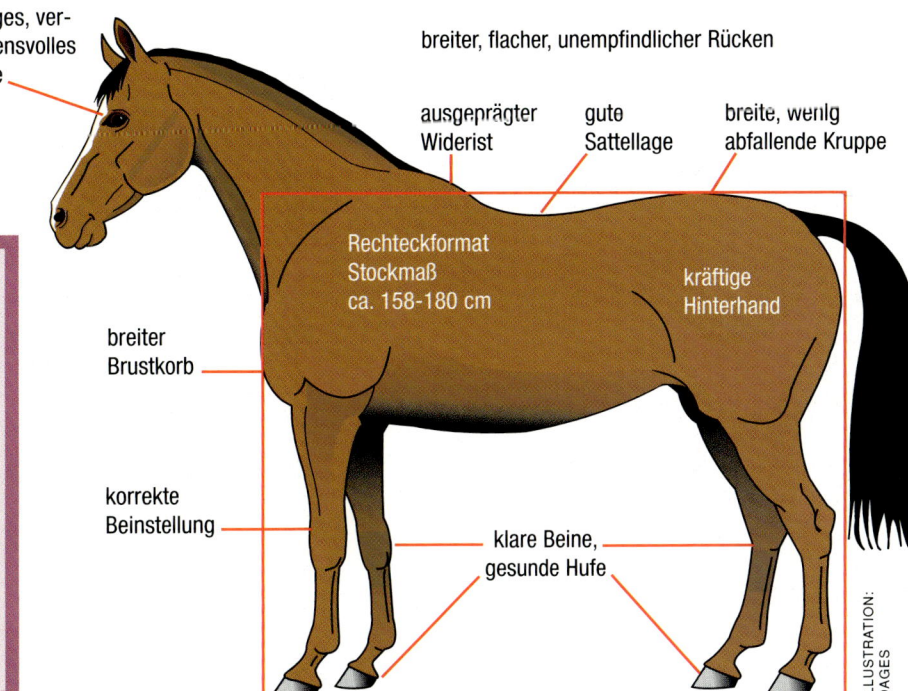

ruhiges, vertrauensvolles Auge

breiter, flacher, unempfindlicher Rücken

ausgeprägter Widerrist

gute Sattellage

breite, wenig abfallende Kruppe

Rechteckformat Stockmaß ca. 158-180 cm

kräftige Hinterhand

breiter Brustkorb

korrekte Beinstellung

klare Beine, gesunde Hufe

ILLUSTRATION: DAGES

Gut ist, wer was leistet

Als das richtige oder falsche Pferd darüber entschied, ob ein Krieg gewonnen oder verloren wurde, ob die Ernte rechtzeitig eingefahren werden konnte oder verhagelte, da waren wirkliche Pferdekenner so wichtig wie heute die Cheftechniker in den Motorenwerken. Die großen Hippologen der vergangenen 150 Jahre, von denen hier einige vorgestellt werden, waren sich in einem wesentlichen Punkt einig: Nein zum Gebäude-Fetischismus, ja zu den inneren Werten wie Leistungsfähigkeit und Charakterstärke.

Pferde als Kriegswaffe – diese Zeiten sind zum Glück vorbei. Die Erfordernisse des Militärs – ein gesundes, leistungsfähiges Pferd – gaben lange Zeit die Richtlinien für die Pferdebeurteilung vor.

PETER ADAM:

„Guter Geschmack ist nützlich"

Aus „Vorträge über Pferdekunde", 1882,
FN-Verlag (FN-Reprint).
Peter Adam war Gestütsdirektor in Zweibrücken.

*Kavallerieregiment beim Gruppentraining.
Durch richtige Auswahl und sorgfältige
Ausbildung konnten die Pferde jahrelang
Dienst tun. Anschließend wurden sie oft
noch als Reitpferde verkauft.*

„Hier tritt uns nun eine für die Beurteilungslehre höchst wichtige Frage entgegen...: „Ist es möglich, aus Körperform und Gangart eines Pferdes auf dessen Leistungsfähigkeit einen zutreffenden Schluß zu ziehen?" Hierzu ist nur zu bemerken, daß allerdings Niemand im Stande sein wird, von einer Anzahl nahezu gleichartig gebauter Pferde, die er nicht näher kennt, dasjenige mit Sicherheit herauszusuchen, welches am schnellsten 2000 Meter unter einem bestimmten Gewichte durchläuft, und die Reihenfolge zu bestimmen, in welcher die übrigen Pferde am Ziele anlangen werden; allein dies wird auch kein Mensch verlangen. Die Beurteilungslehre soll uns lediglich in den Stand setzen, aus den Formen und Gängen der Pferde – und zwar der für gewöhnlich in den Handel kommenden Pferde – einen annähernd richtigen Schluß auf deren Diensttauglichkeit, oder, was in diesem Fall gleichbedeutend ist, auf deren Leistungsfähigkeit und deren Verkaufswert zu ziehen...
Nur derjenige wird ein tüchtiger Beurteiler sein, der jedes ihm unter die Augen kommende Pferd hinsichtlich seines Körperbaus und seiner Rassezugehörigkeit prüft und, wenn es möglich ist, sich von dessen Leistungsfähigkeit überzeugt.
...Ebensowenig als ein jeder Mensch Cello- oder Clavier-Virtuos sein kann, ebensowenig kann jeder Beliebige ein tüchtiger Pferdebeurteiler werden...

Es wird nicht schwer fallen, einem mit gewöhnlichem Verstand begabten Menschen diejenigen Fehler im Bau eines Pferdes einzurichten, welche man als mögliche Defecte bezeichnen könnte, und in diesem Fehlererkennen beruht großenteils die Kenntniß sehr vieler Personen, welche es lieben, sich als Pferdekenner zu geriren. Wenden wir uns noch kurz den Eigenschaften zu, welche wir einem Beurtheiler zum mindesten wünschen müssen, wenn er in der schwierigen Kunst des Pferdebeurtheilens etwas leisten soll, so ist in erster Linie zu erwähnen, daß ein gutes Augenmaß und Formensinn demselben zu Gebote stehen müssen. Auch das, was man im Leben als guten Geschmack bezeichnet, ist für den Beurtheiler eine recht nützliche Eigenschaft."

DR. W. UPPENBORN:

Mittelmäßige Pferde sind fehl am Platz

Aus „Pferdezucht und Pferdehaltung",
Buch und Media 1977.
Dr. Wilhelm Uppenborn, geb. 1904, war
unter anderem Landstallmeister in Osnabrück und Rastenburg, Leiter des Vollblutgestüts Harzburg, aktiver Renn- und Turnierreiter und Verfasser zahlreicher Fachpublikationen über Pferdezucht.

*Dr. Wilhelm Uppenborn war ein Pferdemann in Theorie und Praxis. Sein Buch
„Pferdezucht und Pferdehaltung" ist auch
nach mehr als 40 Jahren noch immer ein
nützlicher Leitfaden für jeden Züchter.*

„Unerläßliche Forderungen an jedes Zuchtpferd sind Erbgesundheit, Langlebigkeit und Fruchtbarkeit, Leistungsfähigkeit, Leichtfuttrigkeit und bestes Temperament verbunden mit Gelehrigkeit und Intelligenz... Fehlerfreie Pferde gibt es nicht. Aufgabe des Züchters ist es, die Vorzüge gegen die Fehler abzuwägen. Keine Konzessionen mache man bei Gesundheit, Leistungsfähigkeit und Temperament. Es ist besser, mit einer in dieser Hinsicht erstklassigen Stute zu züchten, bei der man einige Exterieurfehler bewußt in Kauf nimmt, als mit einem sogenannten fehlerfreien Pferd mit mangelnder Erbgesundheit, geringer Leistungsfähigkeit oder schlechtem Temperament. Bei der Beurteilung des Zuchtpferdes ist zu prüfen, ob es sich um den Träger eines in der Anlage ererbten oder erworbenen Fehlers handelt. Die genaue Kenntnis der Abstammung und des Vererbungswertes der reingezogenen und durchgezüchteten Mutterstute ist eine unerläßliche Vorbedingung zum züchterischen Erfolg...
Mittelmäßige Pferde sind als Zuchttiere in der modernen Pferdezucht fehl am Platz. Der Versuch, mit fehlerfreien Pferde zu züchten, ist der sicherste Weg zur Mittelmäßigkeit."

GRAF GEORG LEHNDORFF:

Der Konsument kommandiert

Aus „Handbuch für Pferdezüchter," 1881
(nicht mehr erhältlich).
Graf Georg-Lehndorff (1833-1914), Aktiver Kavallerieoffizier und zugleich Rennreiter, der zeitweise einen eigenen Rennstall unterhielt, war sechsfacher Champion der Herrenreiter Deutschlands. Er trat 1866 als Landstallmeister von Graditz in die Preußische Gestütsverwaltung ein. Ab 1887 war er Oberlandstallmeister. Er schied erst mit 78 Jahren aus dem Staatsdienst aus. Graf Lehndorff prägte die preußische Pferdezucht, besonders die ostpreußische in starkem Maße.

„Darüber, daß das Pferd seinem Lebenszweck nach eine Beförderungsmaschine sein soll, dürften alle vernünftigen Ansichten übereinstimmen. Uneinigkeit herrscht nur darüber, ob die Konstruktion der Maschine oder das Material, aus dem sie gefertigt, das Entscheidende für die Leistungsfähigkeit sei. Die einen halten

Der Adel und vermögende Bürger hielten sich prächtige Luxusgespanne, quasi die S-Klasse von damals. Die hohe Knieaktion im Trabe machte sich gut bei Ausfahrten, auf dem Lande im täglichen Dienst bewährten sich oftmals bescheidenere Modelle.

es für allein, aber auch unumgänglich erforderlich, daß die Maschine nach den Gesetzen der Mechanik über Hebel, Winkel etc. vorschriftsmäßig konstruiert sei; die anderen meinen, daß die Konstruktion nach den Regeln der Wissenschaft keine Garantie für Dauerhaftigkeit und Leistungsfähigkeit der Maschine bietet, sondern in erster Linie die erprobte Härte und Zähigkeit der Bestandteile. Wieviel Rücksicht jedem von den beiden Faktoren gebührt, darüber schwanken in den verschiedenen Ländern und Zeiten die Ansichten und ihre Majoritäten, welche sich wiederum nach der Mode und den Verwertungsverhältnissen bilden. Der größte Konsument wird schließlich kommandieren, aber tempora mutantur nos et mutamur in illis. *(Die Zeiten ändern sich und wir uns mit ihnen. Anm. d. Red.).*

Kein Schau- und Handelsartikel

Hält man als Konsument den Grundsatz fest, daß das Pferd kein bloßer Schau- und Handelsartikel, sondern ein Gebrauchs-gegenstand ist, so wird man folgerichtig auch diejenigen Fehler in erster Reihe verurteilen müssen, welche die Gebrauchsfähigkeit beeinträchtigen. In diese Kategorie gehören vor allem Fehler des Temperamentes, des Ganges und der Konstitution, während die Fehler des Gebäudes erst in zweiter Linie zu beanstanden sind. Was hilft mir zum Beispiel das schönste Pferd – und wäre es ein Meisterwerk der Schöpfung – wenn es nicht frißt, heftig ist, keinen Schritt geht, stolpert und sich die Beine schlägt, die Eisen verliert und leicht erlahmt, rheumatisch oder kollrig ist?

Entbehrlicher Trab

Auch ist für den praktischen Reitgebrauch der Trab zur Not schließlich noch die entbehrlichste Gangart, denn, habe ich Zeit, so reite ich Schritt, habe ich Eile, so reite ich Galopp, und wenn Reiter und Pferd erst gelernt haben, den Galopp als eine nützliche Gangart zu betrachten, so werden sie selbst auf weite Strecken damit ebenso bequem, wenn nicht bequemer fortkommen als im Trabe. Freilich gibt es noch eine ganze Menge Leute, welche mit Galopp den Begriff einer Extravaganz verbinden....

Mißtrauen bei prunkenden Aktionen

Wie oft sieht man Wagenpferde mit den prahlendsten Formen den Hof verlassen, welche nach einer Meile tiefen Weges sich vor Müdigkeit an die Beine schlagen und den Wagen kaum noch fortzubringen vermögen, während andere, die in jammervollem Dreischlag durch das Tor watscheln, ihre zehn Meilen durch Dick und Dünn fortklappern, und wenn sie ins Quartier kommen, ihr Futter verzehren, als wenn sie nur eine Morgenpromenade gemacht hätten. Ich möchte wohl sehen, wo die herrlichsten Oldenburger oder anglo-normännischen Stepper blieben, wenn sie hinter einem Paar ihrer Zeit wegen unregelmäßigen Ganges ausgestoßenen ostpreußischen Remonten bei Abgang des Frostes in ostpreußischen Wegen drei Meilen ohne Chaussee hertraben sollten...

Eine brillante Aktion ist ohne Zweifel etwas sehr Bestechendes und erleichtert den Wiederverkauf wesentlich; wenn ich mir aber ein Pferd für anstrengenden Gebrauch kaufen sollte, so würde ich den prunkenden Aktionen mißtrauen. Die damit verbundene

Ostentation konsumiert zwecklos ein erhebliches Quantum des Dampfes, welchen die Maschine bei Entwicklung der höchsten Leistungsfähigkeit niemals übrig hat; sie wird also kürzere Zeit oder mit weniger Leistung arbeiten müssen.

Huf-Kontrolle

Wenn schon durch die Fesselstellung die Brauchbarkeit eines Pferdes in hohem Grade beeinflußt wird, so geschieht dies noch mehr durch den Huf. Auch hierin zeigt sich wieder die verschiedene Auffassung von dem Wert des Pferdes in England und bei uns in Deutschland. In England kommt es gar nicht vor, daß jemand ein Renn-, Jagd-, Reit- oder sonst ein Gebrauchspferd kauft, ohne ihm vorher die Füße aufgehoben und die Hufe genau untersucht zu haben; bei uns gehört diese Untersuchung zu den Seltenheiten. Eine Abneigung besteht eigentlich nur gegen den großen flachen Huf, was sich wiederum nur durch den Kultus des gefälligen Exterieurs erklären läßt; denn wenn es auch keinem Zweifel unterliegt, daß der Plattfuß mit durchgedrückter Sohle für schnelle Arbeit unbrauchbar macht, so steht es doch fest, daß bei den Gestütspferden des nördlichen Deutschlands der zu enge und steile Huf viel häufiger eine Klippe der Brauchbarkeit bildet als der zu flache.

Vorsicht beim Schwanenhals

Der schöngebogene, möglichst lange Hals (Schwanenhals) wird von Konsumenten wie Produzenten hochgeschätzt; eine Ansicht, der ich mich mit wesentlichen Beschränkungen anschließen kann. Hat man zwei Rohre von gleicher Weite, aber verschiedener Länge, und durch jedes Rohr soll in genau gleich langer Zeit ein genau gleich großes Quantum von Luft hindurchströmen, so folgt daraus mit mathematischer Sicherheit, daß der Luftstrom in dem längeren Rohr ein schärferes Tempo annehmen und somit die Wände und Ventile des Rohres mehr angreifen muß, als solches bei einem kürzeren der Fall ist. Hierin liegt meiner Ansicht nach der Hauptgrund für die in der Praxis täglich wiederkehrende Erscheinung, daß sich unter den Pferden mit ungewöhnlich langen Hälsen ein sehr viel höherer Prozentsatz von Roarern (Kehlkopfpfeifern) befindet als unter denen mit kurzen Hälsen. Ich möchte daher jedem Konsumenten raten, gegen die Schwanenhälse mißtrauisch zu sein. Die obere Linie von Widerrist zu den Ohren kann nicht gut zu lang sein, wohl aber die untere von dem Kehlkopf zur Brust."

BURCHARD VON OETTINGEN:
Keine Angst vor Fehlern

Aus „Die Pferdezucht", 1918 (nicht mehr erhältlich).
Burchard v. Oettingen (1850-1923), Sohn eines Gutsbesitzers in Riga, trat nach seiner militärischen Laufbahn in die Preußische Gestütsverwaltung ein. Er war Landstallmeister in Gudwallen, Beberbeck und Trakehnen und schließlich Preußischer Oberlandstallmeister. In seine Amtszeit fiel der Ankauf des bedeutendsten Hengstes der deutschen Vollblutzucht, Dark Ronald.

„Nur das Vorhandensein besonders hervorragender Eigenschaften gibt einem Zuchttiere die Berechtigung, auch einige Fehler zu haben, und je weniger Fehler, umso gröber dürfen sie auch sein. Der einzige Fehler, der keinem Zuchttiere verziehen werden darf, ist Ungesundheit und die damit zusammenhängende Weichheit. Die Angst vor Fehlern – zumal deutlichen Fehlern, die jeder Esel sofort sieht – wirkt in der Zucht ebenso lähmend wie überall im Leben, im politischen wie wissenschaftlichen. Sowohl Vollblut- als auch Halbbluthengste (= Warmbluthengste, Anm. d. Red.) sollen dem Züchter deutlich zeigen, in welchen Teilen man eine hervorragende, besonders auch zum Korrgieren geeignete Vererbung erwarten darf und in welchen Teilen man bei der Paarung vorhalten muß. Nach einer Richtung mit Erfolg vorhalten gelingt oft, aber selten nach mehreren Richtungen zugleich... Ich nehme lieber einen ungeprüften Vollbluthengst als eine geprüfte Niete."

GUSTAV RAU:
Der angeborene Blick

Aus „Pferdebeurteilung des Warmblutpferdes", 1935, FN-Verlag (FN-Reprint).
Gustav Rau (1880-1954), war einer der großen Hippologen des vergangenen Jahrhunderts, Publizist und Chefredakteur des ST. GEORG von 1919 bis 1934. Er gehörte der Preußischen Landespferde-Kommission an und gründete den Vorläufer der heutigen Deutschen Reiterlichen Vereinigung (FN), den Reichsverband für Zucht und Prüfung Deutscher Pferde. Er initiierte die Gründung der ländlichen Reitvereine und war nach dem Krieg der treibende Motor für den Wiederaufbau von Pferdesport und Zucht.

„Seit Jahrhunderten erziehen wir Fehlersucher, während es heute noch viel mehr als früher darauf ankommt, Männer heranzubilden, die imstande sind, an dem Pferde die voraussichtliche Leistungsfähigkeit zu beurteilen; denn nur diese macht den Wert des Pferdes aus. Man muß die allgemeine Qualität eines Pferdes zu erkennen vermögen; kleine und selbst große sogenannte Fehler beeinträchtigen in vielen Fällen die Leistungsfähigkeit nicht im geringsten...
Ein ganzes Zeitalter setzte in seiner hippologischen Literatur die Abbildungen sogenannter „korrekter" Pferde vor. Die korrekte Form wurde als das Ideal gepriesen. Da suchten die Verbraucher nach korrekten Pferden! Es durften die langweiligsten Tiere der Welt sein, ohne Feuer, ohne Nerv, ohne Bewegungen – wenn sie nur keine Fehler hatten!...
Wer den sogenannten „angeborenen Blick" für die Beurteilung der Formen und der Qualität hat, wird ebenso gut wie Pferde auch Rinder, Schafe, Schweine in kurzer Zeit beurteilen lernen.
Es ist sehr schwer, die Beurteilung aus Büchern zu lernen. Bücher können nur eine Hilfe sein. Am meisten und schnellsten lernt der angehende Hippologe durch Anweisung guter Lehrer in der Praxis.
Der Hippologe, das heißt derjenige, welcher die Gesamtheit der Pferdekunde und Pferdeverwendung beherrscht, erwirbt das nötige Rüstzeug durch ein großes Maß von Erfahrung im Gebrauch und in der Verwendung des Pferdes. Die größte Praxis im Kaufen von Pferden, im Reiten und Fahren wie im Züchten von Pferden schafft gewöhnlich die tüchtigsten Pferdekenner. Es gibt auch hin und wieder sogenannte Theoretiker, die ein erstaunlich sicheres Urteil haben – ohne große eigene praktische Betätigung in der Zucht und in der Verwendung des Pferdes. Solche Erscheinungen sind sehr selten – aber, wenn sie auftauchen, oft sehr bedeutend. Sie haben den „angeborenen Blick" und ein ganz schnell arbeitendes Auffassungsvermögen. Sie sind durch theoretisches Lernen Kenner geworden, weil sie durch irgendwelche Umstände nicht in die Praxis gelangen konnten. Wahrscheinlich hätten sie dort Außergewöhnliches geleistet."

FOTO: MENZENDORF

Gustav Rau als Jagdreiter. Obwohl selbst gelegentlich im Sattel, zählte Rau wohl zu denjenigen, die er selbst als „Theoretiker" beschreibt. Aufgrund intensiver Beschäftigung mit der Materie, Erfahrung und letztlich dem „angeborenen Blick" wurde er zum Pferdekenner.

Was heißt eigentlich...?

Wenn Menschen über Pferde reden, hört sich das zuweilen merkwürdig an. Deswegen zum besseren Verständnis ein bisschen Pferde-Chinesisch. Damit Sie mitreden können.

Einsamer Denker.

FOTO: KUCZKA

Abgedreht: Ein Pferd mit runden, geschlossenen Körperformen, Typ Quadratpferd.

Abgeschlagene Kruppe: Die Kruppe fällt nach hinten stark ab. Kommt bei Kaltblütern, aber auch bei Vollblütern vor und ist – in Maßen – kein Fehler. Das Gegenteil ist die gerade Kruppe mit einem hohen Schweifansatz.

Albinismus: Angeborener, teilweiser oder vollständiger Pigmentmangel der Haut, Haare und Augen des Pferdes; solche Pferde gehören zu den Albinos.

Aufmachen: Springreiterjargon. Das Pferd öffnet über einem Hochweitsprung die Hinterbeine, das heißt, winkelt sie nach hinten heraus an und lässt sich schön fliegen. Das Gegenteil sind unter den Bauch gezogene Hinterbeine, die auf Unsicherheit und Spannung deuten.

Aufrollen: Das Pferd biegt den Hals so stark, dass die Nasenlinie hinter die Senkrechte kommt und das Genick nicht mehr der höchste Punkt ist. Grund ist oft eine zu deutliche Handeinwirkung. Geht dabei auch die Verbindung zur Reiterhand verloren, hängt also der Zügel durch, sagt man, das Pferd geht hinter dem Zügel.

Aufsatz: Der Hals ist so auf den Rumpf „aufgesetzt", das heißt nach oben gewölbt, dass sich das Pferd tragen kann und einen gewisse Aufrichtung bereits von Natur aus mitbringt.

Axthieb: Deutliche Einkerbung an der Stelle, an der der Widerrist in den Hals übergeht. Gilt als unerwünscht, der Übergang soll sanft und fließend sein.

Ballentritt: Das Pferd tritt sich mit den Hinterbeinen in die Ballen der Vorderbeine. Solche Verletzungen sind schmerzhaft, infektionsgefährdet und heilen oft schlecht.

Bammelohren: Hängeohren, die nicht aufrecht stehen, sondern auch im Ruhezustand nach vorne oder zur Seite hängen. Früher häufig bei bestimmten Trakehner-Linien, heute mehr oder weniger weggezüchtet.

Bascule: Das Pferd wölbt Rücken und Hals über dem Sprung auf, so dass sich eine gebogene Oberlinie ergibt. Ideale Springmanier.

Behang: Lange Haare in der Fesselbeuge (z.B. bei Kaltblütern).

Bepackt: Kräftig bemuskelt.

Beschäler: Deckhengst, Zuchthengst.

Blender: Ein Pferd, das durch sein Äußeres oder durch besonders auffällige Bewegungen besticht, aber in der Leistung enttäuscht.

Bretthals: Wenig bemuskelter, sehr flacher Hals.

Es gibt Situationen, da ist es auch für den größten Kenner schwierig, ein Pferd zu beurteilen. Zum Beispiel, wenn Christo verhüllend eingegriffen hat.

Brust/ in die Brust beißen: Das Pferd ist so stark beigezäumt, dass sich die Nase der Vorderbrust nähert. Fehlerhafte, aber häufig praktizierte Art der Ausbildung, vor allem bei einigen Springreitern.

Beizäumung: Das Pferd nimmt den Kopf tief, geht „durchs Genick" und tritt an die Reiterhand heran. Man sagt auch, das Pferd geht am Zügel. Dabei muss das Genick immer der höchste Punkt und die Nasenlinie vor der Senkrechten bleiben, sonst ist das Pferd „überzäumt".

Bügeln: Die Vorderbeine werden, von vorne gesehen, nicht gerade nach vorne geschwungen, sondern in einem Bogen.

Dreischlag:
Volkstümlicher Ausdruck für unreines Gehen, also wenn das Pferd vorne trabt und hinten galoppiert.

Durchlässigkeit: Ein Pferd ist durchlässig, wenn es die Reiterhilfen von hinten nach vorne „durchlässt" und fein auf Gewicht, Schenkel und Zügel reagiert. Angestrebtes Ziel bei der Ausbildung des Reitpferdes.

Einschienung: Übergang vom Sprunggelenk zur Hinterröhre.

Ellbogen, angeklatschte: Das Ellbogengelenk, das am Ende des Unterarms am Übergang zum Rumpf sitzt, ist so an den Brustkorb angedrückt, dass nicht mindestens zwei Finger dazwischen passen. Gilt als Fehler, weil solche Pferde oft gebundene Bewegungen haben.

Exterieur: Siehe Gebäude.

Falscher Knick: Fehlerhafte Kopfhaltung, bei der das Genick nicht der höchste Punkt ist, sondern der dahinter liegende dritte Halswirbel.

Fassbeinig: Die Hinterbeine, von hinten gesehen, stehen nicht senkrecht und parallel zum Boden, sondern sind nach außen gebogen, so dass sie die Form eines Fasses ergeben.

Fleiß: Eifriges (nicht hastiges) Schreiten im Schritt.

Freispringen: Springen ohne Reiter über mehrere Hindernisse, die meist so an der Bande aufgebaut sind, dass das Pferd nicht vorbeilaufen kann. Gutes Mittel, die Springveranlagung eines jungen Pferdes zu beurteilen. Ersetzt nicht das Springen unter dem Reiter.

Fuchteln: Von vorne gesehen, schwingen die Vorderbeine nicht gerade nach vorne, sondern beschreiben eine Drehung.

Fundament: Die Beine des Pferdes vom Vorderfußwurzelgelenk beziehungsweise Sprunggelenk abwärts.

Gallen: Verdickungen seitlich-hinten am Fesselgelenk. Beeinträchtigen die Nutzung nicht, solange sie weich sind.

Ganaschen: Verbindung zwischen Hals und Genick. Dicke Ganaschen behindern die Beizäumung. Leichte Ganaschen sind eine wichtige Voraussetzung für die Dressurarbeit.

Gebäude: Die äußerlich erkennbaren ▶

In guter Obhut.

FOTO: KUCZKA

Körperformationen, auch Exterieur genannt. Im Gegensatz dazu steht das Interieur, die inneren Werte.

Gehlust: Vorwärtsdrang.

Geschlossen: Das Pferd hat ein kurzes Mittelstück und eine gut entwickelte hintere Rippenpartie, so dass die Flanke voll erscheint.

Gestiefelt: Weiße Abzeichen an den Gliedmaßen, die über den Fesselkopf heraufreichen.

Gewichtsträger: Pferd, das einen schweren Reiter tragen kann.

Interieur: Charakter und Temperament, die „inneren Werte" des Pferdes.

Knieaktion: Das Vorderfußwurzelgelenk („Vorderknie") wird vor allem im Trabe deutlich angewinkelt. Während ex-

treme Knieaktion nur bei einigen Fahrpferderassen wie Hackneys und Tuigpaarden erwünscht ist, ermöglicht die gemäßigte Knieaktion, wie sie bei Barockrassen und Vertretern der Warmblutzucht zu finden ist, schöne erhabene Trablektionen und eine ausdrucksvolle Passage.

Kreuzgalopp: Das Pferd galoppiert vorne Rechtsgalopp und hinten Linksgalopp bzw. umgekehrt. Sehr unbequem zu sitzen und ein Zeichen von mangelnder Elastizität und Balance oder sogar von Rückenproblemen.

Manier: Die Art und Weise, wie das Pferd ein Hindernis überwindet, ob es basculiert und die Beine anzieht.

Piephacke: Meist weiche Verdickung des Sprunggelenkhöckers, entsteht zum

Beispiel durch Schlagen mit den Hinterbeinen an die Wand. Schönheitsfehler.

Quadratpferd: Eine gedachte Linie zwischen Rücken und Boden einerseits und Vorder- und Hinterbeinen andererseits ergibt ein Quadrat, im Gegensatz zum längeren Rechteckpferd oder dem noch kürzeren Hochrechteckpferd.

Rahmen: Der Rahmen des Pferdes wird durch die großen Linien, Hals, Schulter, Rücken, Kruppe vorgegeben. Sind diese Partien großzügig angelegt, spricht man von einem großrahmigen Pferd.

Rechteckpferd: Eine gedachte Linie zwischen Rücken und Boden einerseits und Vorder- und Hinterbeinen andererseits ergibt ein Rechteck, im Gegensatz zum kürzeren Quadratpferd oder dem noch kürzeren Hochrechteckpferd.

Rittigkeit: Wenn ein Pferd problemlos lernt, auf die Reiterhilfen einzugehen, wenn es von Natur aus ausbalanciert und elastisch ist, weil ihm „nichts im Wege sitzt", und das Pferd darüber hinaus lerneifrig und nervenstark ist, dann ist es rittig.

Säbelbeinig: Wenn die Hinterbeine von der Seite gesehen, im starken Winkel quasi unter den Pferdeleib geschoben sind.

Schale: Knochenauftreibung am oberen Hufrand, die zur Lahmheit führen kann.

Schwammig: Anders als bei trockener Textur, sind Sehnen, Adern und Knochen nicht deutlich unter der Haut zu erkennen, sondern zeichnen sich durch Fett, Gallen und Knochenauftreibungen etc. nur undeutlich ab.

Selektion: Zuchtauswahl, das heißt Auswahl bestimmter Elterntiere, um ein bestimmtes Zuchtziel zu erreichen.

Senkrücken: Die Wirbelsäule senkt sich unter dem Widerrist deutlich nach unten, bildet quasi eine Kuhle. Tritt häufig bei älteren Stuten nach mehreren Trächtigkeiten auf.

Spat: Verknöcherungen im Sprunggelenk, die die Beweglichkeit einschränken und je nach Grad der Veränderungen Schmerzen erzeugen.

Tanzmeisterstellung (französische Stellung): Fehlerhafte Stellung der Vorderbeine: Die Zehen sind nach außen gestellt (zehenweit).

Technik: Die Art und Weise, wie das Pferd ein Hindernis überwindet, ob es basculiert und die Beine anzieht.

Tonnig: Runder Rumpf, entweder durch sehr starke Rippenwölbung oder durch übermäßigen Fettansatz. Erschwert die sichere Lage des Sattels.

Tragen: Ein Pferd trägt sich, wenn es ohne eine Stütze in der Reiterhand zu suchen, Kopf und Hals frei, mit einer gewissen Aufrichtung trägt. Auch ohne Reiter gibt es Pferde, die sich von Natur aus tragen, in schöner Selbsthaltung gehen, und andere, die sich nur schwer ausbalancieren können und vorderlastig gehen.

Triebig: Das Pferd geht nicht von alleine vorwärts, sondern lässt sich vom Reiter immer wieder bitten, treiben.

Trocken: Die Sehnen und Knochen an den Beinen, nach Erwärmung auch die Adern am ganzen Körper, zeichnen sich deutlich unter der Haut ab. Keine unnötigen Fettpolster verdecken die Strukturen.

Überbaut: Die Kruppe ist höher als der Widerrist. Bei Dressurpferden unerwünscht, bei Spring- und Rennpferden ohne Belang, bei Westernpferden erwünscht.

Überbein: Knochenauftreibungen an den unteren Gliedmaßen. Ein Überbein entsteht durch Anschlagen, aber auch durch Überlastung. Ob sich ein Überbein nachteilig auf die Leistung auswirkt, hängt unter anderem von seiner Lage (in der Nähe von Sehnen und Gelenken oder nicht) ab.

Über viel Boden stehend: Das Pferd ist deutlich im Rechteckformat und die Brust von vorne entsprechend breit, so dass die Grundfläche der vier Beine entsprechend groß ist. Pferde, die über viel Boden stehen, können sich leichter ausbalancieren als schmale Pferde.

Unterhals: Die untere Halsmuskulatur ist stärker ausgeprägt als die obere. Das ist für ein Dressurpferd unerwünscht.

Verkriechen: Das Pferd macht zwar den Hals krumm, nimmt aber keinen Kontakt mit dem Gebiss bzw. der Reiterhand auf, sondern vermeidet die Anlehnung, indem es sich hinter dem Gebiss verkriecht.

Verletzte Linie: Die Linie zwischen Sprunggelenkhöcker und Röhrbein ist nicht gerade, sondern mehr oder weniger deutlich nach außen gewölbt (Hasenhacke).

Vermögen: Die Fähigkeit des Pferdes, hohe und breite Hindernisse zu überwinden. Das schiere Springvermögen ist nur eine von mehreren Eigenschaften, die ein gutes Springpferd haben muss. Andere sind Manier und innere Eigenschaften (Nerv, Biss, Übersicht).

Vorderbein, geschnürtes: Am hinteren Rand des Vorderbeins ist ein deutlicher Absatz zwischen Vorderfußwurzelgelenk und Röhrbein zu erkennen.

Vorderbein, geschliffenes: Die vordere Linie des Vorderbeins ist leicht nach innen gebogen.

Vorderbein, rückbiegiges: Das Vorderbein steht nicht senkrecht unter dem Pferdekörper, sondern die Linie zum Boden ist leicht nach hinten geneigt.

Vorderbein, vorbiegiges: Das Vorderbein steht nicht senkrecht unter dem Pferdekörper, sondern die Linie zum Boden ist leicht nach vorne geneigt.

Vorderbein, hängendes: Das Vorderfußwurzelgelenk ist im Stand nicht durchgedrückt, sondern leicht gebeugt. Das gilt als Fehler, spielt aber für die Leistungsfähigkeit des Pferdes oft keine Rolle.

Widerrist, angedrückter: Der Widerrist hebt sich nicht deutlich von der Hals- und Rückenlinie ab; er wirkt, als ob jemand „daraufgedrückt" hat. Erwünscht ist ein ausgeprägter, markanter Widerrist, der weit in den Rücken reicht.

Zwanghuf: Die Seitenwände des Hufes und/oder die Trachten, also der hintere Teil, wirken angedrückt. Das ist fehlerhaft, weil solche Pferde zu Hufproblemen neigen.

FOTO: SCHWÖBEL

Zum Weiterlesen

Eine kleine Auswahl an Büchern, in denen Sie weitere Tipps bekommen, wie man zum Pferdekenner wird. Plus zwei Videos zum Thema.

Bücher

Adam, Peter: Vorträge über Pferdebeurteilung, FN-Verlag (FN-Reprint), ISBN: 3-88542-189-5.

Budras, Klaus-Dieter und Röck, Sabine: Atlas der Anatomie des Pferdes. Lehrbuch für Tierärzte und Studierende. Schlütersche Verl., ISBN: 3-877-06594-5.

Haller, Martin: Ponys und Kleinpferde, Müller-Rüschlikon, ISBN: 3-275-0138.

Hartley Edwards, Elwyn: Die BLV Enzyklopädie der Pferde, BLV Verlagsgesellschaft 1994, ISBN: 3-405-14568-6.

Heling, Martin und von Henninges, Jürgen: Das vollendete Pferd, DLG-Verlag 1974, ISBN: 3-7690-0281-7.

Hertsch, Bodo: Anatomie des Pferdes, FN-Verlag 1984, ISBN: 3-88542-040-6.

Kapitzke, Gerhard: Das Pferd von „A - Z". BLV Verlagsgesellschaft 1993, ISBN: 3-405-13275-4.

Lehndorff, Siegfried Graf v.: Ein Leben mit Pferden, Olms Verlag, ISBN: 3-487-08126-1.

Nissen, Jasper: Enzyklopädie der Pferderassen in drei Bänden. Band 1: Deutschland, Belgien, Niederlande, Luxemburg. Band 2: Island, Skandinavien, Großbritannien, Irland, Frankreich. Band 3: Spanien, Portugal, Italien, Schweiz, Österreich, Osteuropa, Franckh-Kosmos Verlags-GmbH & Co. 1998, ISBN des Gesamtwerkes: 3-440-07137-5.

Rahn, Antje; Fellmer, Eberhard und Brückner, Sascha: Pferdekauf heute: Kauf und Verkauf. Beurteilung. Gesundheit. Recht, FN-Verlag 2002, ISBN: 3-885-42289-1.

Rau, Gustav: Die Beurteilung des Warmblutpferdes, FN-Verlag 1987, ISBN: 3-88542-190-9.

Schäfer, Michael: Handbuch Pferdebeurteilung, Kosmos-Verlag 2000, ISBN: 3-440-07237-1.

Schmelzer, Angelika: Kaltblutpferde, Müller-Rüschlikon ISBN 3-27501345-9.

Uppenborn, Wilhelm: Pferdezucht und Pferdehaltung, Buch und Media 1977.

Willrich, Gine: Kaltblutpferde, BLV, ISBN: 3-405-15276-3.

Wöckener, Gerrit, Ludger Beerbaum (Hrsg.): Falken Lexikon für Pferdefreunde, Falken Verlag 1998, ISBN: 3-8068-7352-6.

Videos

Plewa, Martin und Cronau, Dr. Peter: Ein Blick für Pferde, Videodauer 50 Minuten.

Köhler, Hans Joachim: Pferdekenner. Ein Lehrfilm zur Erkennung von Wesentlichkeiten in der Pferdebeurteilung, Videodauer 43 Minuten.

Natur und Kunst, sie scheinen sich zu fliehen – oder doch nicht?

FOTO: EYLERS